JN147516

マーケティングのための統計分析

生田目 崇 著

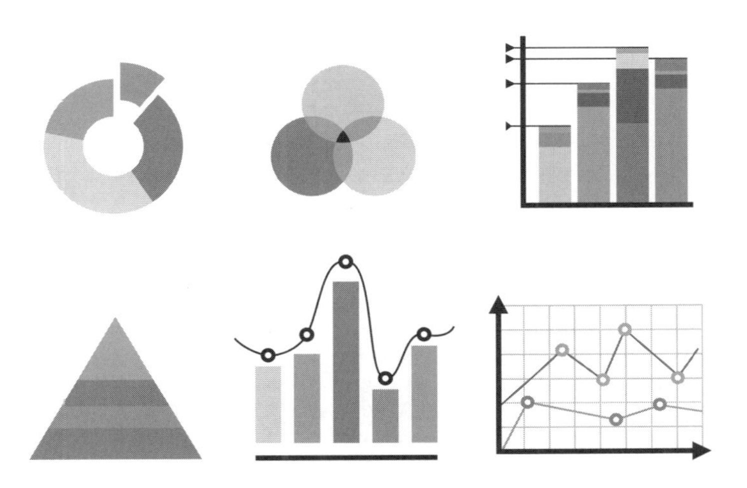

はじめに

ビッグデータが世の中で注目されて早数年，データ活用の必要性がますます問われる世の中になってきた。特に，小売業などの流通業においては，POSデータをはじめ以前より詳細な取引データが取得できる環境が整備されてきた。この背景には，業務効率化のための基盤システムの整備という面のほかに，競争の激化ならびに消費者の嗜好や商品の多様化への対応というのも大きな理由であろう。こうしたシステムから取得されたデータは，日々のマーケティング活動の成果の記録にほかならず，さらには消費者目線での購買行動の把握といった，大変価値の高いものであった。これらのデータを企業活動の測定や意思決定に利用しない手はないとして，マーケティング分野において活用方法が産学両者で議論されてきた。

また，EC（Electronic Commerce：電子商取引）はマーケティングの方法を大きく変えた。なにより，アクセス・ログ・データの登場で顧客の購買プロセス・データが蓄積できるようになったことの価値は大きい。さらに近年では，IoTやスマートフォンなど様々なデバイスが登場し，機器や人間の状態の変化をリアルタイムに観測でき，また消費者同士がSNSなどを通じて互いの日常生活の情報を気軽に発信をし，その情報が他者の意思決定に大きく影響を与えるようになってきた。

分析技術や分析環境は日進月歩であり，次々と新たなデータが登場し，さらに強力な計算機環境が出現している。分析技術においても，機械学習や人工知能といった大規模で複雑なデータを分析できる方法が登場している。

このような状況にありながら，マーケティングの現場では「データはあるがどのように扱えばよいのか」「どのような視点で分析すべきか」「分析をしてみたもののどのように意思決定に活かせばよいのか」といった声もよく聞かれる。

確かに，新たな分析手法や取得できるデータの種類や量が増えていく中で，どのようにデータ分析をマーケティングに活用していくかについては，まだまだ戸惑うところもあろうかと思う。しかし，データを見る目や分析の目的は分析環境やモデルが変化してきたとはいっても，著者は基本となる考え方やデータの見方は昔から大きく変わったわけではないと考えている。そして，そういった考え方の基礎になるのは，問題発見の力や経営学や統計学など従来からの学問分野の知識である。

本書は，マーケティング活動を支援するためのデータの活用について，大きく2つの視点で論じる。1つ目は，定量的なデータに対する標準的な統計的な分析手法について再度立ち返ることである。本書の前半では，マーケティングの考え方やマーケティング分析で用いられるデータについて俯瞰した上で，統計的分析の基本について整理した。

2つ目は，1つ目の知識を前提にマーケティング分野でのデータ分析について広く紹介する。マーケティングではSTP，もしくはマーケティング・ミックスの4Pといった言葉もあり，市場理解やマーケティング戦略立案など様々な目的に合わせた分析が求められる。こうした種々の目的のための分析として，本書の後半では基本的な分析手法を応用したいくつかのデータ分析手法について解説する。

本書は特に，実務家やマーケティング初学者に対して，どのようにデータ分析を進めていくかについてまとめた。企業や組織体が市場で活動する上では，マーケティングの視点は必要不可欠である。本書がそうしたものの見方をしようという一つのきっかけになれば幸いである。

なお，本書の分析例についてはいくつかのデータを公開し，分析の結果やプロセスを追跡できるようにした。また，付録において分析手法については数理的背景をできる限り詳細に説明した。使いやすいソフトウェアの登場により，分析手法の中身が良く分からなくもとりあえず分析はできるようになったが，理論的背景を理解せず分析できてしまうことについては危惧を抱いている。実際の分析に当たって何かしらのソフトウェアの助けが必要になるわけであるが，詳細な分析手順，すなわち分析過程やプログラムについては本書では触れなかった。集計分析やグラフ作成の多くは表計算ソフトウェアを使って実現可能であり，またRやPythonを使ったモデル分析もできる。分析手順については他書やインターネット上の情報から比較的簡単に入手可能であろう。オーム社からも分析プログラムに主眼を置いた良書が複数刊行されているので，実際の分析の際にはそれらの書籍を参照いただきたい。

また，本書では紹介しきれなかった他の分析モデルや手法も多く残されている。特に機械学習や人工知能の分野で注目されている手法についてはほとんど触れなかった。今後，マーケティング分野での適用も期待されているが，発展的内容もかなり含まれることからこれらについては別の機会に譲りたい。

なお，公開したデータは以下のとおりであり，オーム社のウェブサイトからダウンロードできる。本文中では **アイコン付きのボールド体** により該当データを表している。

- ID付きPOSデータ
- アンケート・データ
- プロファイル評価データ
- 商品選択データ
- ネットワーク・データ
- 商品クチコミ・データ
- リピート購買データ
- ウェブ・ページ遷移データ

ただし，ID付きPOSデータは学習用に仮想的に作成したデータであり，また具体的な商品名までは表示していないため，同じ最小カテゴリでも価格が異なるものが複数含まれていることはご承知願いたい。ぜひ，読者自身で一度データを分析いただき，理解を深めていただければ幸いである。

本文中の表記については，可能な限り「顧客」「購買」という単語を用いている。「消費者」と「顧客」，「販売」と「購買」のいずれの視点で論じるかについては，本書ではあくまでデータにあるのは「顧客」の行動であり，顧客が「購買」するという立場をとったためである。このようにこだわったため，多少読みづらく感じる部分があるかもしれないが，ご容赦願いたい。

本書の執筆にあたり，多くの人からの叱咤激励をいただいた。筆者が所属している各学会，研究部会の皆様には著者自身の研究発表もさることながら，最先端の研究を拝聴する機会を数多くいただき，新たな知識や分析技術の修得をさせていただいている。マーケティングに関する分析環境が激変する中で，一人の力ではとてもフォローしきれない新たな方法を勉強させていただけたことは，大変な励み（と自分自身の知識不足による多少の焦り）となった。また，公開データ作成にあたっては，その一部を中央大学理工学部の大竹恒平助教と同大学院生の佐藤由将氏に手伝っていただいた。特に大竹氏には原稿を丁寧にチェックいただいた。なにより，本書の大幅な執筆の遅延にも関わらず我慢強くお待ちいただき，その間大変温かい激励をいただいた（株）オーム社の津久井靖彦様には最大の御礼を申し上げたい。

2017年10月

生田目崇

目　次

第9章　ウェブ・マーケティング，SNSマーケティング

付録A　統計分布表

付録B　数理モデルの詳細

第1章

マーケティングにおけるデータ分析

「20 世紀初頭にアメリカで登場したマーケティングの考え方は，戦後になって日本に紹介された。高度成長時代を経験し，高品質の製品を生み出してきた日本の競争市場においても，マーケティングは重要な経営活動として浸透してきた。また，近年の高度な情報化社会の波にも乗り，現在では情報通信技術活用が最も期待される分野の一つとして注目されている。その背景にはマーケティング活動に有用な様々なデータの取得ができるようになったことと，分析技術の発展がある。ただし，マーケティングに様々なデータを活用しようという考え方は今に始まったことではない。市場を観察したり自社の実績の評価して将来の戦略立案に活かそうという取り組みは古くから行われてきたし，顧客や取引先とのよりよい関係を構築するという考えも新しいものではない。しかし，新たな仕組みやデータの登場により，それらのデータの分析を通じたより高度なマーケティング活動がこれまで以上に期待されている。本章では，これまでマーケティング活動においてどのようにデータを活用してきたか，また，これからどのような期待があるのかについて，従来の市場調査やマーケティング・リサーチから最近までの情報取得・活用環境の変化について概説する。」

1.1 マーケティングとマーケティング・リサーチ

企業だけでなくすべての組織にとってマーケティングの考え方は必要不可欠な活動といっても過言ではない。マーケティングにおける様々な分析に入る前に，まずマーケティングそのものについて整理する。

1.1.1 ● マーケティングとは

マーケティングは，企業と消費者・顧客を結び付けるあらゆる活動を総称したものといえる。ただし，時代によってマーケティングの役割にも変化が見られてきた。実際，マーケティングの研究者や関連団体が，マーケティングに関して様々な定義を行っており，唯一決定的なものはないといってよい。

そういった中で，AMA (American Marketing Association) によれば，マーケティングは次のように定義されている[31)]。

> *Marketing is the activity, set of institutions, and processes for creating, communicating, delivering, and exchanging offerings that have value for customers, clients, partners, and society at large.*

AMA によるマーケティングの定義は数年おきに改訂されており，上記は 2013 年に公開されたものである。この定義では，マーケティングが見据える対象は顧客だけではなく広く社会全体のために，価値ある何らかの提供物を作り，伝え，頒布し，交換するための活動であるといっており，マーケティングが果たす役割やその範囲の広さが分かる。

マーケティング活動のための視点として知られている，マーケティング・ミックスの **4P**，すなわち product（製品戦略），price（価格戦略），place（流通戦略），promotion（販売促進戦略）がある。1960 年代に提唱されたマーケティング・ミックスの 4P は，企業がどのような製品・サービスを市場に提供すべきかについてその視点を整理したものであり，様々な議論や批判はありつつも，現在までこの言葉が果たす役割は衰えていない。

また，少品種大量生産から多品種少量生産の時代へと変わり，消費者が多くの情報を取得，判断するようになり，嗜好や行動の多様化が進み，市場を同質の塊とみて共通の戦略を実行するだけでは適切な対応ができなくなってきた。これに対し，コトラーは市場を分割し，それぞれに対して異なる対応をしなければ顧客満足は達成できないとし**STP**，すなわち segmentation（セグメンテーション，市場細分化），targeting（ターゲティング，ターゲット・セグメントの設定），positioning（ポジショニングの決定）による市場への対応が必要と説いた[12]。

嗜好の多様化は，市場全体に共通のマーケティング・プログラムを行うことの限界につながり，企業は市場や顧客を識別することの必要性が問われるようになった。**セグメンテーション**は，顧客のニーズや行動の違いを基準に，顧客の属性や行動特性から同質と考えられる複数のグループに細分化することを指す。

セグメント化されたそれぞれのサブ・マーケットに対して適切なマーケティング・プログラムが行えればよいが，限られた資源では市場全体をカバーすることができない企業は少なくない。そこで，企業は分割された市場の中で，どのセグメントを主に自社の活動領域にするかについての取捨選択が必要となる。**ターゲティング**は，自社の強みや弱み，市場の機会や脅威を分析しながら，自社が対象とすべきサブ・マーケットを見つけ，そこに経営資源を投下しようという活動である。このように，経営資源を有効活用することによって，最大のシェアや利益・顧客満足の獲得を目指す。

ただし，ターゲット市場を完全に自社が独占できることは考えづらく，ターゲット市場には競合他社が存在する場合が一般的である。これら競合他社との関係においては，自社の**ポジショニング**が重要となる。ターゲット市場にすでに他社がいる場合は，他社とは差別化したアプローチが必要となるし，また，その市場での先行者であっても後から参入してきた企業の活動を監視しながらも，自社にとってもっとも効果的な方向を模索していく必要がある。

コトラーはこれらの戦略を含めたマーケティング活動のサイクルをまとめて**マーケティング・マネジメント・プロセス**と呼んでおり，図 1.1 のような活動サイクルを常に回しながら企業活動を進めることを念頭に置いている[12]。

1.1.2 ● マーケティング・リサーチとは

適切なマーケティング活動のためには，様々な調査や情報分析が重要となる。

マーケティングにおける情報活用の方法論として**マーケティング・リサーチ**がある。前述の AMA におけるマーケティング・リサーチの定義も紹介しよう。

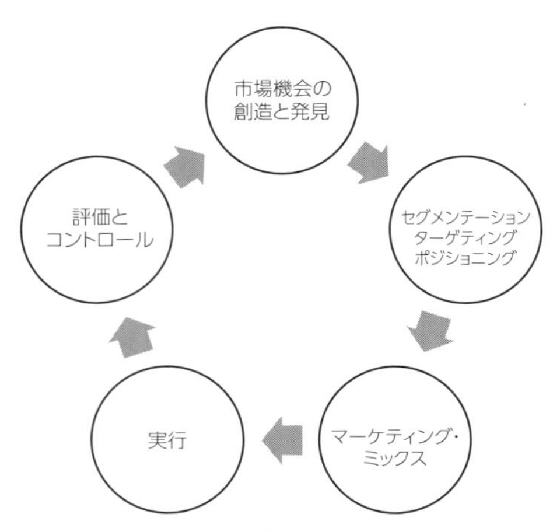

図 1.1　マーケティング・マネジメント・プロセス

Marketing research is the function that links the consumer, customer, and public to the marketer through information–information used to identify and define marketing opportunities and problems; generate, refine, and evaluate marketing actions; monitor marketing performance; and improve understanding of marketing as a process. Marketing research specifies the information required to address these issues, designs the method for collecting information, manages and implements the data collection process, analyzes the results, and communicates the findings and their implications.

すなわち，マーケティング・リサーチは，マーケティング活動上の諸問題に対して，入手できるデータを活用しようという活動である。そして，問題解決や改善，活動の結果の測定するために必要なデータを特定・収集する仕組みを整え，データ分析を通じてその結果を評価する活動といえる。

マーケティングは市場もしくは消費者や顧客に対して最適な対応をするための方法の総称であるが，最適に対応するためには市場を理解することが必要である。そのために，必要なデータを収集し，それを分析することで市場や顧客を理解し，適切な対応方法や企業活動を立案することができる。以前は，何らかの調査をしようとしても，分析のためのデータがあらかじめ入手できていることはなかったため，何らかの方法でデータを取得し，それを整理，分析することで，調査目的に対する解を得てきた。それが，後述する POS データやマーケティング・プログラムの電子記録によって，企業はすでに大量のデータを保有されているという状態にある。こうしたデータを活用することで，市場の把握だけでなく，マーケティング施策の効果測定もしくは将来の予測などに対する一定の解を得ようとしている。

マーケティング・リサーチも時代によってその目的や分析が変化してきた。以下では，消費者との対応からマーケティング・リサーチの役割の変化について述べる。

(1)　市場の実態調査の時代

マーケティングの黎明期においては，何よりも市場の実態を知るということが調査の目的であった。例えば「○○という商品が売れている」，「△△の売行きが伸びている」といった現象の把握を目的とした。

この時代においては標本調査を元に，市場全体の評価や推測が行われた。マーケティング・リサーチにおいても標本調査法は様々な視点で研究されてきた。この理由としては，実験室データのように，コントロールされた下での実験がしづらいこと，また実際の消費者に直接調査しなければならないことなどから，得られたサンプルの市場代表性と調査実現性のトレード・オフを考慮する必要があったからである。

市場代表性を重視するならばできる限り大規模に無作為抽出をする方がよいが，調査訪問コストを考えると現実的でない。そこで，**層別抽出法**のように，嗜好や行動が異なると考えられるような属性の違いを軸に，市場を分割してその中で無作為抽出をする方法や，**多段抽出法**のように地域を限定して訪問調査コストを削減するという方法が考えられた。また，これらを組み合わせた**層化多段抽出法**などもよく用いられる。

その他にも多数の調査対象を見つけるのが困難な場合には，見つけられた少数の調査対象から別の調査対象を紹介してもらう**スノーボール・サンプリング**などもある。詳しくは例えば本多，牛澤[4]などを参照いただきたい。

(2)　消費者の購買動機調査の時代

高度成長時代には大量消費の時代を迎え，競合する商品が増加し，同じカテゴリにおいても商品の選択肢が広がった。こうした時代になると，何が売れているかという結果の評価よりも，なぜ売れるのかという原因の究明に興味が移ってきた。こうした時代の調査の目的は製品の選択理由や選択に影響を与える重要要因の特定，また消費者意識の理解にある。従来の定量的な統計調査に加え，選択の背後にある「なぜ？　どうして？」という理由を理解するための定性調査が頻繁に行われるようになった。こうした調査は市場の統計データだけでは得られないため，少人数を対象にしたインタビュー調査や半構造面接調査を通して言葉として得られる情報を重視するようになった。

また，消費者意識が多様化するに従って，マーケット・セグメンテーションの考え方が出現し定着した時代でもある。

(3)　現在と将来のマーケティング課題解決の時代

その後，情報化社会が進み経営課題の解決へのデータ活用の期待が高まってきた。マーケティングはその最前線として，分析基盤と分析技術の進展が直接影響を与えた。

マーケティング・リサーチにおいても,「何が？」と「なぜ？」に加えて,「どうすれば？」という課題解決が問われるようになってきた。すなわち，それまではマーケティング活動の成果や結果を多面的に評価するということに主眼が置かれていたが，どのようにすれば顧客のロイヤルティを向上させることができるか，といった意思決定をサポートするリサーチがなされるようになった。また，それまで企業の一部門の活動と位置づけられてきたマーケティングが，全社的な活動と考えられるようになってきた。したがって，データ活用についてもマーケティング活動のコンセプト同様，部門を問わず重視されている。

1.2　POS システムと ID 付き POS データの登場と活用

情報機器が発展する以前の小売店では，会計処理をするために，複雑なレジ操作を習得しなければならなかったし，商品発注や在庫管理も目視で売り場や倉庫を見ながら行うことが一般であった。これに対して，現在は，バーコードを読み取るだけで会計処理が行える POS レジスタが登場し，また売上管理もチェーン全体だけでなく取引先まで含めて共有できるようになっている。したがって，どのような商品がいつどこでどういった状況で売れたかについてのデータが取得できるようになった。こうしたデータは現在マーケティング活動にとってはなくてはならないデータとなっている。

1.2.1 ● JAN コード

販売データを POS システムに蓄積する上で重要な役割を果たしたのが，商品に付与された番号とそのバーコードである。メーカーが製造，販売する商品のほとんどにはあらかじめバーコードが印刷されている。これは **JAN** (Japanese Article Number) **コード**と呼ばれる規格化された番号である。アメリカの UPC (Universal Product Code) を除き，全世界で 13 桁の番号が標準となっている。現在の JAN コードの構造を図 1.2 に示す。

図 1.2 JAN コードの構造

なお，13 桁のほかに小型の商品に付与するための短縮コードとして 8 桁のものもある。一つの企業コードで 999 種類の商品が登録できるが，それ以上の商品数がある場合は別に企業コードを取り直す必要がある。

JAN コードの普及については，1972 年に財団法人流通システム開発センターが設立され，流通情報の統一化の準備が始められた。1978 年に JAN コードの付与が始まり，商品情報の電子化が進んだ。1980 年代に入り，小売業の情報活用の高度化に合わせ，多くのチェーンで POS システムが導入され，現在では 10 万社以上が JAN コードのメーカーコードを持つまでになった[49)]。

1.2.2 ● POS システム

POS は point of sales の略語であり，**POS システム**は，現在では広く小売店で利用されている POS レジスタなどからなる，会計処理の効率化や在庫，発注管理といった店舗運営・管理のために導入された販売管理システムである。

POS システムの概要を図 1.3 に示す。この図に示すように，レジスタで商品のバーコードをスキャンすると，そのコードをデータベースで照会し，商品名，価格などの情報がレジスタに返される。また，スキャンしたデータは，即時に販売履歴として記録される。そして，在庫と突き合わせることで在庫情報も更新できるため，発注管理にも役立つ。

POS システムで蓄積される販売履歴データは，それまでのレジスタで記録さ

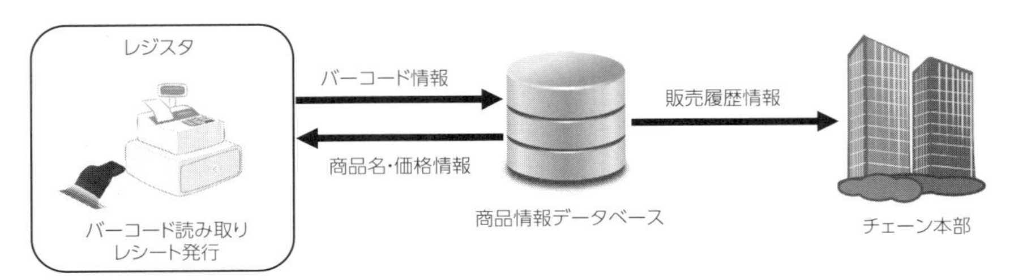

図 1.3　POS システムの概要

れるデータと異なり，商品の詳細な販売情報が記録される。これにより**単品管理**が可能となった。

POS システムの本来の目的は，在庫・発注管理およびレジ作業の効率化や打ち間違いの防止であるが，そこから得られる店舗全体の精緻な販売履歴データはマーケティングのやり方を大きく変えたといっても過言ではない。今どこで何が売れているのか，また売れていないのかということを把握できるデータであり，今や小売業のマーケティング分析になくてはならないものになっている。

POS システム登場前はカテゴリごとにそれも一日分の売上を集計した形式でしか販売管理はできなかった。それが，JAN コードなどの商品コードにより，単品ごとにいつ，どこで，どれだけ販売されたかを瞬時に記録できるようになった。このように，POS システムによって収集される販売履歴データを **POS データ**という。

POS システムの導入に合わせ，**CRM** (customer relationship management) の方法も大きく変わってきた。CRM は企業が顧客満足を向上することで既存顧客を維持・囲い込み，顧客と長く良好な関係を築く顧客関係管理を通し，既存顧客の LTV (lifetime value) の最大化を図ろうという管理手法の総称である。その代表的な方法として **FSP** (frequent shoppers' program) がある。FSP はその名の通り，高い頻度で利用してくれる顧客に対するマーケティング・プログラムであり，

- お得意様に限定した即売会
- 購買金額に応じた異なる割引率
- 特定の顧客へのクーポン付与

などが挙げられるが，最も広く導入されているのはポイント・カード・プログラムである。ポイント・カードは購買額に応じてポイントを付与し，ポイントに応じた割引をするというものである。現金値引と異なり，次回以降でしか使えな

いという制限があり，次回の来店を促す，すなわち顧客維持を期待したプログラムである。もともとは，航空会社のマイレージ・プログラム (FFP: frequent flyers' program) を小売業に応用したものと思われるが，ポイントを貯めて高額商品の一括割引にも利用できるため，ポイントを貯め続けるという消費者も少なくない[17]。その間，顧客はその店舗に通い続けてポイントを貯めることになるため，長期間のストア・ロイヤルティの獲得が期待できる。なお，FSP と FFP はまとめて customer loyalty program (CLP) とも呼ばれる。

いずれにしても，FSP のためには，顧客ごとの購買情報を蓄積することが必要となる。小売店の場合は，企業が顧客 ID を付与したカードを付与し，購買のたびに提示してもらい記録する。POS データと紐づけすることで，どのレシートがどの顧客によるものかを識別することができる。

こうして得られるデータを **ID 付き POS データ**と呼び，ワン・トゥ・ワン・マーケティングの分析の基礎となるデータである。

POS システム，FSP システムから得られる POS データ，ID 付き POS データの特徴については第 2 章で説明する。

1.3 インターネットとマーケティング

今や，インターネットはだれもが日々当たり前に使う生活インフラストラクチャ（インフラ）となっている。インターネット登場当初時は，現在のように必要不可欠なインフラになると誰もが思っていたわけではないが，先進的な企業やユーザは早くからインターネットがライフスタイルを変える新たなプラットフォームとなる可能性があることを予見し，インターネット上で様々なビジネスが登場した。そして，高速で常時接続可能な通信網の整備，情報機器の高度化，それを利用する消費者の意識や行動の変化から，インターネットは現在ではなくてはならないインフラとなった。

そして，インターネットは企業にとっては主要な販売チャネルの一つに成長した。経済産業省による統計調査では，国内 BtoC-EC（消費者向け EC 市場）は 2016 年には年間取引額が 15 兆円を超え，わずか 6 年でおよそ 2 倍の成長を見せている[39]。EC 化率も 5.43% と初めて 5% を突破した（図 1.4）。

アマゾンや楽天，ZOZOTOWN といった EC 専業企業もある一方で，実際の店舗と併存させている小売店も数多くある。EC のメリットは，「いつでもどこ

図 1.4　BtoC-EC の市場規模

でも」顧客とつながることができることであり，理論的には地球全体が商圏となり，店舗開発時に考慮すべき商圏などの分析をする必要がなくなる。また，店舗展開をするためには店舗数や規模に比例した初期費用が必要であるが，ECの場合はインターネット上で公開するだけで販売できる。実店舗を持つ小売業にとっては，店舗がない地域でも販売したいといった場合にECは大きな力となる。

また，店舗では必ずしも訴求しきれない企業イメージや，顧客との継続した関係性を保つ目的でもインターネットは使われている。ただし，ECはウェブサイトもしくは専用アプリなどが顧客との接点になるため，そこへアクセスしてもらうための仕組み作りが必要となる。

例えば，定期的なメールマガジン発行や，様々なサイトに表示されるバナー広告やSNS上で配信される広告は，新商品の紹介だけでなく，顧客との関係性維持を目的として行われている。また，検索サイトのネイティブ検索において検索表示順位を高くするためのSEO (search engine optimazation) などもECにおいては重要な戦術の一つである。

顧客側に目を向けると，インターネットは商品購買のチャネルだけでなく，商品選択をするための情報の検索や購買商品の絞り込みといった，購買に関連する様々な行動の道具にもなっている。ECが実際の店舗と大きく異なることとして，在庫を持たなくても販売することができる点が挙げられる。受注後にその商品をどこからか見つけて発送できる保証ができるならば，あらゆる商品を扱うことすらできる。

その反面，ディスプレイに商品情報を表示しなければならないという制約があるため，一度に確認することができる商品数は少数に限られ，非計画購買などを誘発することは実店舗に比べて難しい面もある。そのため EC サイトでは，様々なカテゴリの商品検索機能や，一度検索した商品を記録しておくなど，顧客にとって便利な機能が実装されている。もう一つの大きな特徴として，レコメンデーションつまり顧客へ特定の商品を自動的に推薦する仕組みを持っていることである。過去の購買履歴やサイト内行動履歴から購買しそう，もしくは興味を持つであろう商品を先回りして表示することで，顧客が自発的に検索していない商品に接触させることができる。

また，ある商品について知りたい場合，その商品の仕様やデザインなどは，インターネットで検索することが一般的となっているし，また価格や類似商品を比較するサイトも広く利用されている。実際にその商品を利用している人のクチコミ情報も今や商品選択の大きなカギとなっている。

このように，これまでの実際の店舗を軸としたマーケティングと大きく異なるやり方が求められる（表 1.1）。

表 1.1　インターネット上の新たなマーケティング

製品戦略	カスタマイズ，ネット限定商品
価格戦略	価格比較サイト，動的プライシング
流通戦略	送料無料，即時配送
販売促進戦略	レコメンデーション，他サイトからの誘導

1.4 ビッグデータ時代のマーケティング分析技術

2012 年ごろ「ビッグデータ」という言葉を頻繁に見るようになった。ビッグデータに該当するデータは，決して新しいものばかりではないが，センシングデバイスの発展やスマートフォンの登場により，今までにない規模のデータが生成されるようになったことで，この言葉が注目されるようになってきた。

ビッグデータの特徴として **3 つの V** がしばしば挙げられる[23]。3 つの V は Volume，Velocity，Variety を指す（図 1.5）。

Volume は単語が示す意味の通り「量」を表す。POS データだけでなく，インターネット上の様々な行動履歴がサーバに蓄積され，これまでの常識を凌駕するほどのデータが取得できる時代になった（図 1.6）。前述した JAN コードは商品

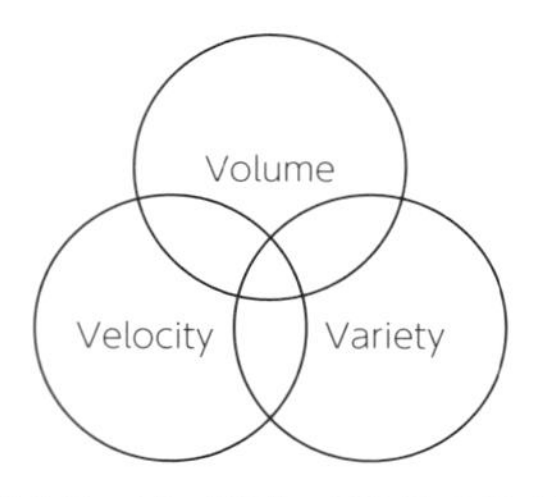

図 1.5　ビッグデータの 3 つの V

コードの異なる商品ごとに管理をするという，それまでにない詳細な粒度での販売管理をする礎になったが，近年登場した IC タグは「一つひとつの商品」までも識別することができ，商品管理粒度を一段と細かくできる。

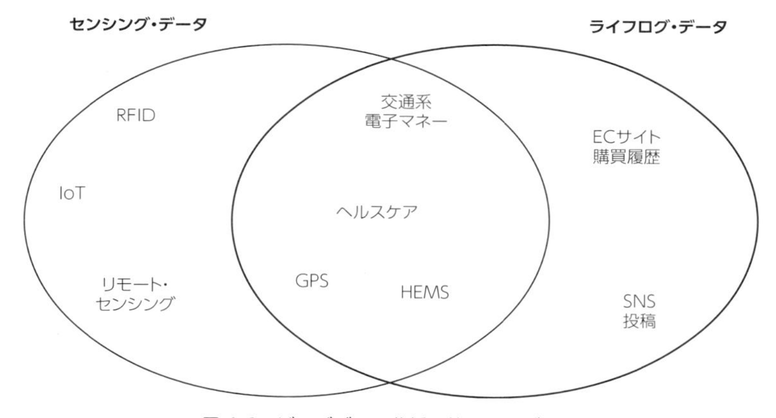

図 1.6　ビッグデータ分析に使われるデータ

Velocity は「速度」であり，データが発生する頻度とも捉えることができる。スマートフォンなどに搭載されている GPS により，位置情報をリアルタイムに把握することができる仕組みもすでに実装されている。特に，**IoT**（Internet of Things：モノのインターネット）機器の発展とともに，ネットを介した様々な状態の把握や，SNS などのライフログ，それら両者の特徴をもつ情報ともいえるスマートフォンの位置情報といった，これまでとは異なる新しいデータが，高い頻度で取得できるようになった。IoT で注目されている小型センサは様々な機械や設備の状態の常時監視をすることができる。こうしたデバイスを利用した高頻度の情報のやり取りが蓄積されるようになっている。また，SNS やミニブログでの頻繁な発言やその情報伝播なども，これまでにない頻度のデータのやり取りの一つと考えることができる。

Variety は「多様性」である。従来のデータベースは，定型の**構造化データ**を得意としてきた。こうしたデータは定量データが中心であり，したがって，情報活用もこうした構造化された定量データを中心に行われてきた。しかし，近年では文章や音声といったこれまでにはないデータも数多くある。ウェブページ上の情報はタグによりどのようなデータが含まれるかの識別はできるが，SNS などで投稿されるのは文章だけでなく，画像や動画など様々なメディアも含まれる。こうした情報を**非構造化データ**と呼ぶ。ビッグデータの Variety は従来の構造化データに加え，非構造化データも含んだ概念ということができる。最初に紹介した Volume は Velocity と Variety の深化によってもたらされたものと言えよう。

ビッグデータ時代も迎え，近年では，**ビジネス・アナリティクス**（business analytics）[16]，**データ・ドリブン・マーケティング**（data driven marketing）[7), 27)]という言葉も最近聞かれるようになった。また，**人工知能**（AI: artifical intelligence）によるデータ活用も期待が大きい。消費者や企業行動に関するデータをいかにマーケティング，経営に活用するかが問われる時代になった。データ活用のためには，データを蓄積できる基盤とともに，データ処理・分析能力，実際に分析する計算機環境が必要である。加えて，実ビジネスでどのようにデータ分析の結果を活用するかのビジネス・センスも必要である。先に示したマーケティング・リサーチの変遷と利用されるデータの変遷を，図 1.7 にまとめる。

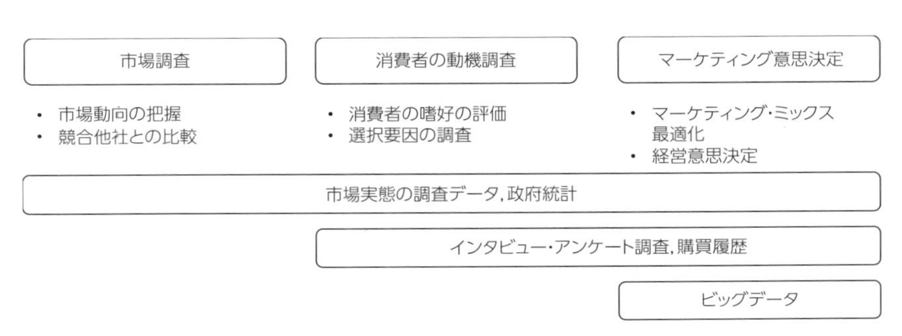

図 1.7 マーケティング・リサーチとデータ活用

この図を見ても，マーケティングおけるデータ活用が企業全体，さらには利害関係者や関連する市場までを含めて広がっていることが分かる。

第2章

マーケティング分析のためのデータ

「データ分析は何よりデータがなくては始まらない。第1章でも説明したように，近年そのデータは質・量とも爆発的に拡大している。小売業では，売り場に関する様々な履歴や在庫のデータがリアルタイムに把握できるようになった。また，特に消費者の購買行動や購買プロセスに関しては，関連する様々なデータが取得可能となってきており，その活用が問われている。すなわち，顧客を理解し，顧客への適切なアプローチを行うことで，より高い顧客満足を得ることができる。さらには LTV（顧客生涯価値）を高めることにより，企業は最小の努力で最大の成果を得ることができるようにもなる。本章では，マーケティングのデータ分析で用いられるデータについて，それらのデータからマーケティングや消費者行動をどのように捉えていくかという視点からまとめる。」

2.1 マーケティング活動と消費者行動

消費者のニーズを把握することは重要ではあるものの，それを外部から観察・測定することは難しい。そこで，消費者に直接回答してもらうインタビュー調査やアンケート調査がマーケティング・リサーチでよく行われる。

アンケート調査やインタビュー調査は消費者に実態や意識を直接聞けるというという意味では，大変有効なデータと考えられるが，調査対象者数が限られたり，調査であるということを知った上で回答するため，本音が出にくいという面もある。

現在，マーケティング分析で広く利用されているデータとしては実際の生活の中での購買行動履歴である。特に，大型小売店やチェーン・ストアでは自社での販売履歴を POS データとして蓄積しており，その一部は業務改善などにも活用されている。また，自社での購買動向と市場全体の購買動向を比較することにより，自社特有の購買傾向を把握するということも可能である。

さらに，ポイント・カードなどを通じて顧客ごとの購買を把握することもできるため，顧客一人ひとりの行動や嗜好に合わせた，いわゆる**ワン・トゥ・ワン・マーケティング**を目指したマーケティング活動も行うことができる。

ただし，POS データに代表される購買行動データはあくまで購買の結果であり，購買前の探索行動など，なぜその商品に行きついたかといった購買までのプロセスを追うことはできない。近年，ICT の進展とともに，購買プロセスの解明においても様々なデータが取得ができるようになってきた。以下では，消費者の行動とマーケティング活動の関係について，どのようなデータが利用できるようになってきたかを中心に述べていく。

2.2 消費者の購買プロセスの捉え方の変化

マーケティング活動においては，消費者行動を的確に捉えることが重要な視点の一つである。消費者が商品を購買するに至るまでには，商品を認知，理解し，比較検討というプロセスを経て，購買される商品が選択される。この間企業は何も手を講じないのではなく，こうしたプロセスを理解して，各段階に対して適切にアプローチすることが大事である。

消費者の購買行動の典型的なモデルとして，古くからホールの**AIDMAモデル**が取り上げられてきた。これは，

Attention	商品・ブランドに対する注意を引く
Interest	興味・関心の醸成
Disire	商品の理解と欲求の喚起
Memory	欲求の強さが記憶へつながる
Action	実際の購買行動

の頭文字をつなげたものであり，商品認知を起点として，評価・選択，購買までのプロセスを構造化したものである。

これに対して，インターネット時代の購買プロセスとして（株）電通が提唱したのが**AISASモデル**である。AISASはそれぞれ，

Attention	商品・ブランドに対する注意を引く
Interest	興味・関心の醸成
Search	商品情報の検索と評価
Action	実際の購買行動
Share	使用感の情報発信

の頭文字であり，AIDMAモデルと比較して，searchとshareという購買以外の消費者の能動的行動が入っていることが特徴である。また，特にshareという購買した商品の使用後もしくは消費後の情報発信，情報共有までをプロセスに入れていることは興味深い。

こうした変化は，企業と消費者の関係の変化，すなわち企業が一方的に商品の情報を発信していた時代から，消費者自身がインターネットなどを通じて商品に関する情報を自ら取得・評価するようになり，さらには商品評価を消費者自身が発信し，その情報を元に他の消費者が商品の認知・評価に利用するようになったことも一因である。

そして，こうした行動の分析に対して用いられるデータも変化している。図2.1はAIDMA，AISASの各段階で利用されるデータの例を示している。インター

ネットは，スマートフォンやPCなどで広告に接触してからすぐにサイト訪問，購買購買に移るなど，消費者の情報処理の時間にも大きく影響を与えている。

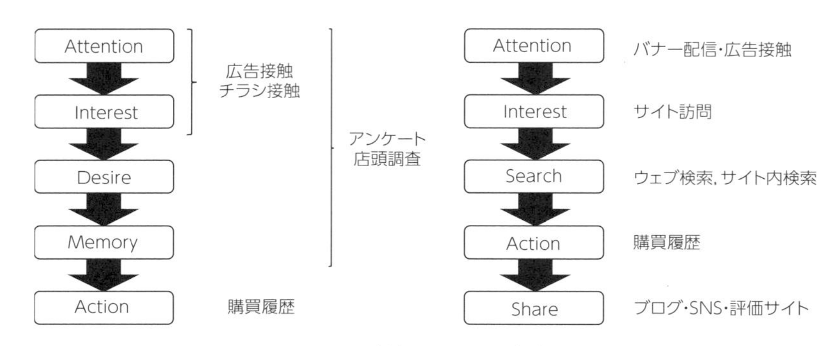

図 2.1　AIDMA（左）と AISAS（右）の情報源

2.3 尺度について

行動や意識についてのデータは多くの場合，数字の形式で収集される。こうしたデータはいずれもスプレッド・シートやデータベースに数字で記録されている。一言にデータといっても，データの持つ情報によってその意味や分析方法は異なる。例えば同じ「1」という値であっても，いくつかの選択項目の中から該当する場合に付与した場合と，市場でのシェアが1位という場合とでは，数字の持つ情報やその扱い方が異なる。したがって，分析時にどのように数値を扱うかについては，分析者が数字がどのような意味や情報を含んでいるかを理解しなければならない。

このように，データがどのような背景から得られたのかを考慮しつつ分析に利用する必要がある。データの特性は，大きく分けるとまず質的データと量的データに分けられるが，分析に用いるという視点からは，どのような尺度を持つかという点で分類する方が理解しやすい。一般にデータは次に示す4つの尺度に分けられる。

名義尺度　便宜的に番号を付けたもの。数字の大きさには意味はなく，それぞれが異なる対象を指し示しているに過ぎないもの。

順序尺度　ある基準における優位性を順位で表したもの。ただし隣り合う順位間に大きさに関する情報は含まない。

間隔尺度 数字の間の大きさには意味があるが，0は何らかの意味で便宜的に与えられたものであり，絶対量を示すものではない。

比例尺度 比率尺度とも呼ばれ，0には「量がない」という意味がある。

名義尺度としては，例えばアンケートで最近訪問したコンビニエンス・ストアを答えるような場合に，それぞれのコンビニエンス・ストア名に便宜的に数字を当てはめるような場合が当てはまる。

順序尺度はその名の通り，市場占有率の順位や参入順位といったような数字の大小が時間的順序や大きさの順序を表すものが挙げられる。アンケート調査の回答で「当てはまる」から「当てはまらない」までをいくつかの段階で表し，それに対して数値を割り当てる形式も厳密には順序尺度である。

間隔尺度の典型例としては摂氏温度が挙げられる。摂氏は0度を水が氷になる温度，100度は水が水蒸気になる温度として，その間を均等に100等分している。したがって，10度と30度の間の差は10度と20度の差の2倍の幅があるということは言えるが，30度が10度の3倍という意味ではない。

これに対し比例尺度は，売上高や販売量といったように，様々な絶対量を測定したものである。この場合，0は「何もない」状態を表すし，100万円の売上は50万円の2倍あるというように加減乗除が可能である。

これらの尺度の概要を表2.1にまとめる。

表 2.1 代表的な尺度

尺度	概要	計算方法	データ例
名義尺度	数値は分類のための整理番号	最頻値，度数	性別，電話番号
順序尺度	順序に意味があるが，間隔には意味はない	最頻値，中央値，度数	参入順位，好きな順序
間隔尺度	等間隔の目盛りが仮定される	加減算が可能	摂氏温度，偏差値
比例尺度	原点の定義があり比率にも意味がある	加減乗除が可能	売上金額，個数

2.4 インタビュー調査，アンケート調査データ

前述したように，インタビュー調査やアンケート調査はマーケティング・リサーチにおける代表的なデータ収集方法である。購買，消費行動の実態，またそれらの背後の理由を消費者に直接尋ねて，その回答を得る。これら二つの調査の大きな違いについて触れておく。インタビュー調査は，調査の大筋は決まっているものの，司会者もしくはファシリテータの裁量により，多少話題が脱線することも許しながら回答者の本心に迫っていくことができる。それに対して，アンケート調査は原則はプリ・コーディングされた調査票を配布もしくは配信し，あらかじめ決められた形式により回答を得る点である。

インタビュー調査は，基本的には少数の回答者を相手に時間をかけて行うのに対して，アンケート調査は配布から回収までは付き添う必要がなく，一度に多人数に回答を依頼することができる。また，質問項目も構造化されているため，回収後の集計もしやすい。

表 2.2 は，アンケート・データであり，ある企業内でのインターナル・マーケティングのための従業員満足度調査を想定したアンケート調査の結果である。このアンケートでは 85 人から回答を得た。なお，$x_1 \sim x_8$ は現在の就業状況の評価や感想，y_1，y_2 は今後の職場への希望である。以下に示す質問項目があり，1 が「そう思わない」から 5 が「そう思う」の 5 段階からの択一形式である。いずれの回答も本来は順序尺度であるが，多くの分析ではこれを間隔尺度もしくは比例尺度に準ずるものとして利用されている。ただし，本来は異なる性質を持つため，分析時には注意が必要である。

- x_1：現在の企業のビジネスに社会的価値を見出せる
- x_2：現在の企業のビジネスは周囲の関係者に良い影響を与えている
- x_3：現在の企業のビジネスは顧客満足を獲得できている
- x_4：自分自身の仕事に誇りを持てる
- x_5：自分自身は企業や上司から適切に評価されている
- x_6：自分自身は現在心身共に健康的に働いている
- x_7：自分自身は現在の仕事に達成感を感じる
- x_8：仕事を通じて自分自身は成長していると思う

- y_1：今後も現在の企業に続けて勤めたいと思う
- y_2：今後は現在の企業で様々な新しい挑戦をしたい

表 2.2 アンケート例

No.	x_1	x_2	x_3	x_4	x_5	x_6	x_7	x_8	y_1	y_2
1	3	3	4	4	4	4	4	3	3	5
2	3	1	2	4	3	3	2	2	4	3
3	1	1	1	1	5	3	1	1	5	4
4	4	4	4	4	4	4	4	4	3	3
5	4	1	3	5	3	2	5	3	3	5
⋮	⋮	⋮	⋮	⋮	⋮	⋮	⋮	⋮	⋮	⋮
85	4	4	5	4	5	5	3	2	5	5

2.5 購買データ：POS データ，ID 付き POS データ

第 1 章でも紹介した POS データは，現在もマーケティングのデータ分析においてもっとも利用されているデータと言えよう。前述の通り，POS データを蓄積する POS システムは，本来，会計処理の効率化，在庫・発注管理といった小売店の業務効率化のために導入されたため，マーケティングに利用しようとするときには「すでに存在する」データである。したがって，購買実態データを活用したいと考えた時にはすでにそれを実行できる環境にある企業が多い。しかし，分析環境の進化はデータ基盤の整備よりも遅れて起こったため，十分に活用できている企業ばかりではなく，今後の POS データ活用に期待している段階の企業もまだまだ多い。

2.5.1 ● POS データ

POS データの特徴は，バーコードで識別されるアイテムについて，店舗やチェーン全体の販売状況を瞬時に正確に記録できることである。購買された商品の情報と同時に，販売価格や販売時間なども記録される。これらのデータは電子的に記録されるため，記録直後から利用可能である。

また，レシート識別番号も同時に保存されるため，どういった商品同士が同時に購買されやすいのかといった，同時購買の分析も可能となる。このように，

POS データは即時に網羅的に販売状況を記録できる。こうした網羅的なデータから，単品レベルでの**売れ筋商品**や**死に筋商品**を見つけ出すこともできる。一つひとつの商品の需要を適切に予測できれば，過剰な在庫費用の発生を抑えられる。特に小型の小売店にとっては，売れ筋商品の欠品や，死に筋商品のスペースに他の商品を置けば売れたかもしれない**機会損失**の影響は大きく，POS データはこうした機会とコストに対する有益な情報をもたらしてくれる。

POS データのイメージを表 2.3 に示す。

小売業においては各商品を管理する際，同種類の商品をまとめて**カテゴリ**もしくは**部門**という単位でも管理している。これらは店内でのカテゴリごとの棚割りをイメージすると理解できよう。

例えば，「トマト」と「キュウリ」は「野菜」カテゴリ，「さくらんぼ」と「リンゴ」は「果実」カテゴリにといった具合である。さらに，「野菜」と「果実」は「農産」カテゴリに集約される。JAN コードが付与された加工食品の場合，JICFS/IFDB (JAN Item Code File Service/Integrated Flexible Data Base) 分類コード[48]という共通のカテゴリコードもあり，こうした分類を基準としたカテゴリ付与が可能であるが，生鮮食品などは店舗独自のコードがつけられていることが一般的であり，小売チェーンによってカテゴリコードの付け方は異なる。なお，店舗での販売管理の際にはカテゴリの販売比率や，棚効率の比較などカテゴリ単位で評価される場合も多いため，どのようにカテゴリに分類するか小売店によって異なっている。

カテゴリ分類の例を図 2.2 に示す。

表 2.3　POS データの例

年月日	時間	店番号	レシート番号	JAN コード	商品名	大カテゴリ名	中カテゴリ名	単価	数量	金額
2017/4/1	10:05	111	040101	49XXXXXXXXXXX	ブランド A カレールー	加工食品	調味料	240	1	240
2017/4/1	10:05	111	040101	YYYYY	トマト	農産品	野菜	60	2	120
2017/4/1	10:07	111	040102	49ZZZZZZZZZZZ	PB コシヒカリ 5kg	農産品	穀類	1080	1	1080
⋮	⋮	⋮	⋮	⋮	⋮	⋮	⋮	⋮	⋮	⋮

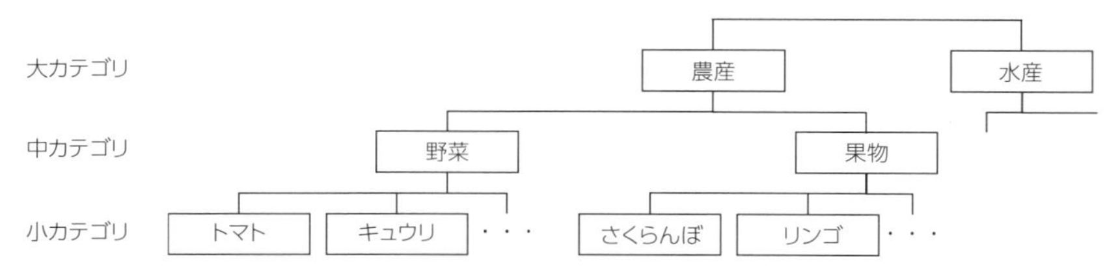

図 2.2　カテゴリ分類の例

2.5.2 ● ID 付き POS データ

POS システムは店舗の購買全体を把握できるという長所を持つが，「誰が」購買したかについては把握することができない。コンビニエンスストアなどでは，レジ対応時に見た目で顧客層（性別や年齢）を打ち込むといった形で，店舗ごとの顧客像の理解するといったことが行われてきたが，そのデータではそれぞれの顧客を識別することはできない。

本来のマーケティング活動は，顧客のニーズやウォンツに対応することが求められ，究極的には顧客を個別の顧客として識別することが必要となる。この考えに沿うものがワン・トゥ・ワン・マーケティングである。そのためには，顧客一人ひとりの購買行動や嗜好を把握する必要がある。

また，店舗は顧客にその店舗を継続して選んでもらうための維持戦略が重要視されるようになってきた。特に，大型の小売店は競争が激しく，客の奪い合いが起こっており，特に優良顧客という店舗や企業にとって LTV の大きい顧客を獲得・維持することが求められている。もちろん小型の小売店にとっても，競合範囲が広がるにつれ，他店舗と顧客を奪いあう状況が増えている。

1:5 の法則としても知られている，新規顧客の獲得コストが既存顧客の維持コストをはるかに上回る状況はどの業界でも当てはまり，既存顧客の維持が安定的な売上維持には重要である。これは CRM とも密接に関連し，顧客との良い関係が，さらなる売上や顧客シェアを獲得し，また顧客の離反を防ぎ，結果として**顧客生涯価値** (lifetime value: LTV) の最大化につながる。そのために企業は顧客に対して様々なマーケティング・プログラムを実施している。顧客生涯価値向上を目的としたマーケティング・プログラムを総称して FSP (frequent shoppers' program) という。

FSP の中でも，小売業において最も代表的なマーケティング・プログラムが，**ポイント・カード**である。ポイント・カードは，次回以降の購買時の値引きサービスという，顧客維持戦略にとって最重要視されるマーケティング・プログラムの一つである。

ポイント・カードについて分析の立場から見ると，ポイント・カードを所持する顧客の当該の店舗での過去の購買，つまり購買履歴を把握することができる。前節の POS データでは購買機会ごとにしか識別できないが，ポイント・カードの顧客識別番号を用いれば，どのレシートとどのレシートが同じ顧客であったかを把握することができる。このようなデータにより，顧客の過去の購買実態を把握することができ，顧客の識別に大きく寄与することになった（図 2.3）。

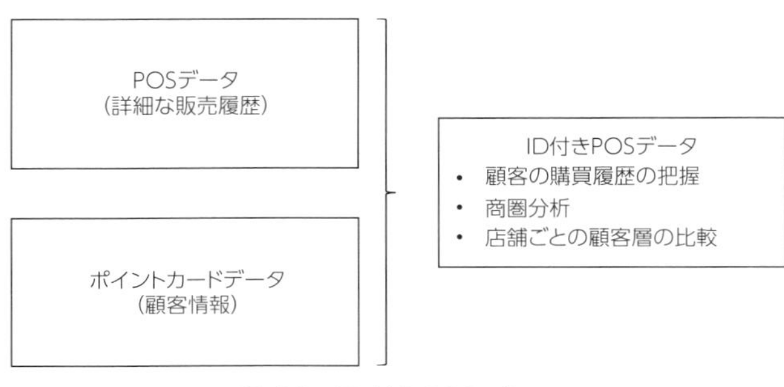

図 2.3　ID 付き POS データ

こうした POS システムにポイント・カードによる顧客識別情報を付与したデータを **ID 付き POS データ**といい，購買の購買行動や嗜好を把握しそれに合わせたマーケティング・プログラムを実施するだけでなく，優良顧客の識別や離反しそうな顧客を判別し先回りして手を打つなど，小売店ではマーケティング戦略策定上，必要不可欠なデータとなっている。

POS データおよび ID 付き POS データの特徴を表 2.4 にまとめる。

表 2.4　POS システム・ID 付き POS システム

データの種類	把握できること
POS データ	いつ・どの店舗で売れたか 購買ごとの同時購買商品の組合せ 売れ筋・死に筋の把握 インストア・プロモーションの効果
ID 付き POS データ	(POS データに加えて) 購買顧客の特定 顧客の過去の購買履歴 購買間隔 顧客層の把握

また，小売業界では単一企業のポイント・プログラムだけではなく，複数の店舗チェーンにまたがる**共通ポイント**も普及している。共通ポイントは，利用に応じたロイヤリティをポイント管理会社に継続的に支払わなければならない反面，ポイント・システムの開発費用や導入費用は削減できる。また，コスト面ばかりでなく，同じポイント・プログラムを導入しているコンビニエンス・ストアとファミリー・レストランが相互にクーポンを発行しあう**相互送客**など，競合関係にも資本関係もない他業種企業と連携したマーケティング活動をすることができ

る。こうした活動のためにもポイント・カードがどのように利用されているのかの実態把握と分析が必要となる。

さらに，共通ポイントばかりではなく，**電子マネー**も同様に広く利用されている。電子マネーは，現金を介さない決済が可能であり，共通ポイントと同様に様々な店舗で利用でき，店舗をまたいだ購買実態を把握できる。

2.6 スキャン・パネル・データ

店舗全体の詳細な購買履歴を把握することができるPOSデータやID付きPOSデータの活用は，マーケティングにおけるデータ分析の大きな変換点となった。ただし，あくまで売上の処理や在庫・発注管理，もしくは顧客サービスのためのシステムから得られた副次的なデータである。これらのデータを消費者行動の分析という視点から見ると，

- 顧客の詳細な個人情報は把握しづらい
- 顧客のライフスタイルや生活意識など，購買行動に影響を与える重要な情報は収集できない

といった，消費者の購買行動に大きな影響を与える要素を観測することができないという限界もある。また，そもそも自店舗・自チェーンのデータであるので，競合他社もしくは市場全体と比較することもできない。

そこで，調査会社を中心に，消費者の購買実態をその生活まで含めて取得しようというビジネスが登場する。全国の小売店のPOSデータを収集するというサービスも含まれているが，こうした調査会社が介在する利点は，調査対象の消費者にあらかじめ協力依頼することによって，購買実態以外の様々なデータを収集できる点である。なお，調査対象の消費者は「モニタ」もしくは「パネル」と呼ばれる。こうして収集される消費者の意識調査データや購買履歴データを**スキャン・パネル・データ**といい，購買履歴の収集の仕方によって大きくストア・スキャン・データとホーム・スキャン・データに分けられる。

ストア・スキャン・データは消費者と特定の店舗に協力を仰ぎ，調査対象の消費者は当該店舗で購買するときにポイント・カードと同様に顧客識別情報を購買記録に付与する。ID付きPOSデータと同様のデータであるのと同時に，特別な陳列などのインストア・プロモーションやチラシ掲載商品の把握も可能であるた

め，価格に関する分析の他，当該店舗におけるプロモーション効果の評価も可能である。ただし，当該店舗以外での購買は記録されないため，生活全体を見渡した時に，他店を含めてどのような購買実態であるのかといったことは把握することはできない。

ホーム・スキャン・データは，調査対象の消費者に商品バーコード読取り用の端末を貸与し，購買後に消費者自身が購買商品をスキャンする。スキャン時に購買した店舗や価格も同時に入力する。したがって，どこで購買してもデータを記録することができるため，世帯全体の購買を記録できるのとともに，目的に応じた店舗の使い分けなども把握することができるという特徴がある。

また，購買履歴だけでなく，購買した商品をどのように使用・利用しているかといった消費実態調査を行っているサービスもある。

こうしたデータ・サービスもいくつかの企業が行っており，代表的なものを表 2.5 にまとめる。

表 2.5　主なスキャナ・パネル・データ・サービス

ストア・スキャン・データ	
インテージ	SRI（全国小売店パネル調査）[34]
流通経済研究所	NPI（全国 POS データ・インデックス）[47]
日経メディアマーケティング	日経 POS 情報[43]
ホーム・スキャン・データ	
インテージ	SCI（全国消費者パネル調査）[35]
マクロミル	QPR (Quick Purchase Response)[42]
消費実態調査	
ライフスケープ・マーケティング	食 MAP[41]

プロモーションはメディアを通じて行われるが，例えば広告への接触は次節のインターネットのバナー広告へのクリックなどを除けば，誰が接触しているかを直接観測することが困難である。パネル調査においては，こうした広告媒体への接触などについてもアンケートなどを通じて取得できる。ただしプロモーションは効果が出るまでに一般に長期間が必要とされており，調査データにおいて，毎回調査対象者が変わると広告の累積効果を測定しづらいという面もある。このような場合，調査対象者を固定し，長期にわたって広告接触や購買を調査する。こうしたデータを**シングル・ソース・データ**という。メディア接触とともに特定の商品の生活意識，商品関与などを収集したシングル・ソース・データとしては，ビデオリサーチの ACR/ex[52] や野村総合研究所の INSIGHT SIGNAL[46] などがある。

2.7 購買行動に関連するデータ

POS データや ID 付き POS データは消費者の購買意思決定データであり，消費者行動や店舗評価のための最重要データである。しかし，あくまでも様々な比較や取捨選択の結果が購買であり，商品を選択するまでの過程は購買データからは把握することができない。例えば，購買前の検索行動や購買後の満足度を測定しようとしても，同じ商品を反復購買しているといった一部の面でしか捉えることができない。しかし，2.2 節で紹介した AIDMA から AISAS への変化のように，消費者の購買プロセスの捉え方やアプローチも大きく変わりつつあり，行動の結果である購買履歴だけでなく，その前後のプロセスにも注目されてきている。

また，購買データやアンケートへの回答のようなデータの属性やその意味が明確な**構造化データ**だけでなく，動画や書き込みの内容のように構造化されていない**非構造化データ**も消費者の行動実態や商品評価を知るための重要な情報源となりえる。

以下では，直接的な購買データではないが，消費者の行動を理解するのに重要となるデータについて紹介する。

2.7.1 ● インターネットのアクセス・ログ・データ

インターネット上の訪問者のページ遷移やスクリプトの実行は**アクセス・ログ・データ**として保存されている。多くの EC サイトでは，商品購買に際して，カテゴリやブランド，サイズや色，価格など様々な条件による検索や絞り込みをすることができる。顧客は様々なページに移りながら購買する商品を絞り込んでいくが，アクセス・ログ・データはこうした選択行動の過程をデータとして保存していることになる。

アクセス・ログとして保存されているデータとしては，

- 閲覧しているウェブページの URL
- リクエスト時刻
- リファラ（直前の遷移元のページ）
- リファラが検索サイトであった場合，その検索キーワード

などの閲覧ページに関する情報の他に，

- 閲覧デバイス，OS
- ディスプレイの解像度
- ブラウザ

といった情報も取得できる。

検索サイトからのリンクや，バナー広告をクリックすると，当該のウェブサイト内に最初にアクセスするページにたどりつく。こうした最初のページを**ランディング・ページ**という。また，ウェブサイト内で様々なページを閲覧した後別のサイトへ離脱もしくはブラウザを閉じることでサイト閲覧が終了する。この，当該サイトへランディングしてから離脱するまでの一連のページ遷移をまとめて**セッション**と呼ぶ。また，ブラウザに埋め込まれた **Cookie** 情報により，ポイント・カードのように，異なる時点のアクセスでも，同一デバイスからのアクセスを識別できる。また，EC サイトなどで会員登録をしてログインすれば，セッションや購買商品と顧客情報を結び付けることができる。

こうしたデータから，購買前にどのように検索や選択を行っているか，サイトでの滞在時間やよく見られているページを把握することもできる。アクセス・ログ・データから測定できる消費者行動を表 2.6 にまとめる。

表 2.6　アクセス・ログ・データから把握できる消費者行動

探索に関する情報
リファラにおける検索キーワードの回数 キーワード検索回数 商品情報のクリック回数 サイト訪問回数 ページビュー数 サイト滞在時間
選択に関する情報
商品ごとの閲覧回数商品ごとの閲覧時間 レコメンドされた商品の閲覧回数 商品のカートへの追加された個数

アクセス・ログ・データを用いた分析については，第9章で紹介する。

2.7.2 ● 実店舗における購買関連行動の把握

前節のアクセス・ログ・データはインターネット上での購買に至るまでの探索・選択行動を捕捉できるデータであるが，実際の店舗においても店舗内での行動を把握することは技術的には可能である。それを実現する方法の一つはビデオカメラによる映像である。店内にビデオカメラを設置すれば，顧客の店内行動を観察できる。店舗が広ければ複数のビデオカメラを設置し，これらの画像を組み合わせることで，店内での顧客の動線を観察できる。また，棚の上部にビデオカメラやセンサを設置すれば，棚の商品の比較検討・選択行動も観察できる[36]。このようなデータから店内回遊の様子や，商品をカートに入れる順序なども把握することは可能である。ただし，ビデオカメラの映像を利用することについては，顧客が必ずしも良い心象を持たない場合もあり，映像の利用についてはまだ限定的な面もある。

動画と異なるアプローチとしては，店内のカートに RFID（IC タグ）をつけておき，店内に設置したアンテナによって動きを捕捉するという方法が考えられる。こうした店内動線から顧客の店内行動と購買との関係について論じた研究事例もある[30]。RFID 以外にもビーコンを用いた位置の把握や，特定の場所での情報のプッシュ通知といった新たなプロモーション方法も様々なところで検討されつつある。

また最近では，さらなるレジ作業の効率化を目的として，近い将来コンビニエンスストアのすべての商品に IC タグをつける方針も示されており[38]，レジ以外にも IC タグ情報を読み取るアンテナを設置すれば，どんな商品がどういった順序でカゴに入れられるかといったことも測定できることが期待できる。ただし，法整備ならびに設備やコスト面の問題などもあり，全面的な導入までには時間が必要である。

2.8　顧客の行動・発信データ

POS データをはじめとする購買履歴データは，購買時点での実態を浮き彫りにするデータである。また，アクセス・ログ・データなどで顧客の購買までの行動についても把握できる。ただし，購買した商品について顧客どう評価したかといった部分にはなかなか踏み込めない。インターネットが登場する以前は，一消費者が社会に向けて情報を発信することが困難だったこともあり，消費者同士の交流も直接顔を合わせる消費者同士のクチコミなどに限定されていた。これに対して，インターネットによって消費者自身の情報発信やインターネット上にある膨大なデータからの効率的な検索ができるようになった。

消費者生成メディア (consumer generated media: **CGM**) は，消費者が参加してがインターネット上に投稿したコンテンツで作られた情報群を指すが，食卓メニュー・サイトなど情報提供やクチコミ・サイト，動画投稿サイトのような映像コンテンツ，ブログ，Q&A 形式のコミュニティ，キュレーション・サービスなどが挙げられる。神田ら[9]は，商品購買時の情報源に関する調査を行っており，インターネット上の情報は店頭での情報と同様高い利用割合を示している。そしてインターネット上の情報の中ではショッピング・サイトでの情報が群を抜いて高いが，これは実際の購買チャネルであるためいわば当然ともいえよう。調査は 2007 年と 2012 年に行われており，その間の増加率についてもショッピング・サイトが大変大きい。増減率に着目すると，ショッピング・サイトに続いて比較サイトやクチコミ・サイトの増加率が大きく，この 10 年の間に，多くの商品カテゴリの情報源としての価値が高まっている。こうしたインターネット上のクチコミ（これを **e クチコミ**ともいう）はお互いが知らない消費者同士も情報共有することができるため，実社会でのクチコミに比べてはるかに広範囲に情報が拡散し，その影響力は大きい。

また，**SNS** (social networking service) のような，情報発信，交流サイトも活況であり，現在ではこうした消費者発信型の情報が商品情報やその評価の情報源として大変大きな影響力を持っている。したがって，企業側もどのような評価がインターネット上で書き込まれているかについては大変興味を持っている。

ある書き込みをきっかけにクチコミで情報が広がり，思わぬ販売向上につながったり，逆に炎上といわれるネガティブな状況に陥ったりする。企業にとっても，情報をコントロールできないといった対応が難しい面もありながらも，企業や商品の評判に大きな影響を与えるこうした CGM の情報は無視できないデータとなりつつある。

第3章

記述統計：データの集計と可視化

「売上や顧客の分析の第一歩は，データの特徴を把握することであり，統計分析はそのための強力な武器である。統計分析も大きく二つに分けられ，一つが記述統計，もう一つが推測統計である。このうち記述統計はデータを集計，可視化したり，データの概要を理解するために代表値を求めることで，得られたデータの特徴を一見して把握しようというものである。特に，POS データに代表される粒度の細かい大量データは，こうした分析を通してデータを概観することが可能となる。本章では，取得されたデータの整形やクリーニングから，その後各種の統計値とグラフ化といった，データの特徴を評価する記述統計について説明する。」

3.1 データのクリーニングと加工

得られたデータは必ずしもそのままで分析ができるものばかりではない。例えば，紙の形で回収したアンケート調査回答では，想定された通りの回答がされていなかったりすることもある。また，集計しやすいようにデータを加工するということも行われる。本節では，こうした入手したデータを分析で利用するための様々な準備について述べる。

3.1.1 ● データ・クリーニング

データ・クリーニングは，入力時もしくは入手した直後にデータの誤りがないかを確認する一連の作業である。

特に人手で集められたアンケート調査データの場合は様々な誤りを含む場合もあり，以下のような手順でデータの入力から整形が行われる。

1. 調査票の記入
2. エディティング（調査票の回答内容の点検）
3. コーディングとコードの入力

本来は，調査票にない回答番号が記入されているならば，**エディティング**時点でその間違いが修正されるが，チェック漏れなどが残る可能性もある。このような間違いを発見し修正する作業がデータ・クリーニングである。

また，各項目の回答に関する度数分布表を作成するのとともに，2 つの項目についてクロス集計を作成するなどして論理的に間違ったデータがないかといったチェックする必要もある。例えば，就労していないのに，職業が選択されているといった間違いを発見することもできる。アンケート調査では回答回路といい，ある質問への回答によって次の質問項目が異なるような場合があるが，正しく回答されているかもこうした集計を通して把握することができる。

最近ではインターネットを使ったアンケート調査も広く行われるようになっており，この場合は，回答内容をリアルタイムにチェックしながら質問を進めることができるため，こうしたクリーニングを必要としない場合も多い。

3.1.2 ● データの加工

コーディングは例えば数値で回答された年収について，年収区分に置き換えるような作業をいう。こうした加工をすることにより，数値データであっても頻度を集計することができる。例えば人口統計調査において，「15 歳未満」「15 歳以上 64 歳未満」「65 歳以上」という 3 区分で集計する場合は，年齢に関する各回答がこれら 3 区分のうちのどこに該当するかを定め，その区分ごとに集計すればよい。

その他にも，年齢と性別からそれらを組み合わせた新たな変数を作成する，もしくはある県の GNP と人口から県民一人当たり所得を求めるといった作業もデータ加工の一種である。

3.2 表によるデータの集計

分析の第一歩はデータ全体がどのようになっているかを目で見て評価できるように集計することである。集計結果は表にまとめられる。集計表を作る際には，集計項目を定めその集計項目ごとに集計対象データの統計値を求める。この統計値については，該当するケースの数である頻度やその構成比率の他にも，定量データの場合は次節で説明する統計値を計算することもある。

表 3.1 は ID 付き POS データ について，購買のあった顧客の年齢階層ごとの頻度とその構成比率である。ただし，100 歳代には不明者を含んでいるのでここでは集計からは除いている。このように一つの集計項目のみに関して集計した表を**単純集計表**もしくは **GT** (grand total) **表**という。

表 3.1 単純集計表

項目	10 代	20 代	30 代	40 代	50 代	60 代	70 代	80 代	90 代	合計
頻度	4	33	103	250	167	149	81	18	1	806
構成比率	0.5%	4.1%	12.8%	31.0%	20.7%	18.5%	10.0%	2.2%	0.1%	100.0%

表 3.2 は，年代と来店回数階級について集計したものであり，表 3.3 は行合計に対する構成比率である。このように 2 つの集計項目について集計した表を **2 次元集計表**もしくは**クロス集計表**という。

これらの表を見ると，比較的年齢層の高い顧客の来店回数が多いことが分かる。このように 2 つの集計項目を同時に考慮することで，1 つの項目では分からない関係性が浮かび上がってくることもある。

表 3.2 クロス集計表（頻度）

来店回数＼年代	10代	20代	30代	40代	50代	60代	70代	80代	90代	合計
1～5	2	22	58	145	91	79	41	10	0	448
6～10	2	5	26	52	35	40	18	5	0	183
11～15	0	4	9	27	16	15	7	2	0	80
16～20	0	0	9	15	11	9	5	0	1	50
21～25	0	1	1	9	10	4	7	0	0	32
26～30	0	1	0	2	4	2	3	1	0	13
合計	4	33	103	250	167	149	81	18	1	806

表 3.3 クロス集計表（行合計に対する構成比率）

来店回数＼年代	10代	20代	30代	40代	50代	60代	70代	80代	90代	合計
1～5	0.4%	4.9%	12.9%	32.4%	20.3%	17.6%	9.2%	2.2%	0.0%	100.0%
6～10	1.1%	2.7%	14.2%	28.4%	19.1%	21.9%	9.8%	2.7%	0.0%	100.0%
11～15	0.0%	5.0%	11.3%	33.8%	20.0%	18.8%	8.8%	2.5%	0.0%	100.0%
16～20	0.0%	0.0%	18.0%	30.0%	22.0%	18.0%	10.0%	0.0%	2.0%	100.0%
21～25	0.0%	3.1%	3.1%	28.1%	31.3%	12.5%	21.9%	0.0%	0.0%	100.0%
26～30	0.0%	7.7%	0.0%	15.4%	30.8%	15.4%	23.1%	7.7%	0.0%	100.0%
合計	0.5%	4.1%	12.8%	31.0%	20.7%	18.5%	10.0%	2.2%	0.1%	100.0%

また，さらに行もしくは列を入れ子にした多次元集計表も作成することができる。

3.3 グラフによるデータの可視化

グラフはデータの分布や時系列的な変化を図示する代表的なツールである。様々な種類のグラフがあるが，適切な使い方をしなければかえって誤解を与えかねないので注意が必要である。

主なグラフとその特徴を表 3.4 にまとめる。

以下に ID付きPOSデータ を用いたグラフ作成例を示す。

棒グラフ

棒グラフは，要素ごとの大きさを比較するグラフである。図 3.1 は大カテゴリごとの購買点数を表したものである。野菜や果物を含む農産が最も多く，続いて惣菜，加工食品といったすぐに食べられるカテゴリが続くことが分かる。2 次元集計表から棒グラフを作成する場合は，一方の集計軸を棒グラフの横軸とし，も

表 3.4　グラフの種類と特徴

棒グラフ	項目ごとの量を棒で表し，棒の高さで大小を比較する。
折れ線グラフ	時間など推移や順序があるデータに関して大きさを比較したり，その推移を示す。
円グラフ・帯グラフ	全体に占める構成比率を比較する。
レーダーチャート	複数の指標をまとめて表示する。
ヒストグラム	集計データの階級ごとの度数分布をもとにした分布を示す。
箱ひげ図	データの分布を中央付近を示す箱と裾を示すひげで表した図。
散布図	一対の量的データの関係性を示す。

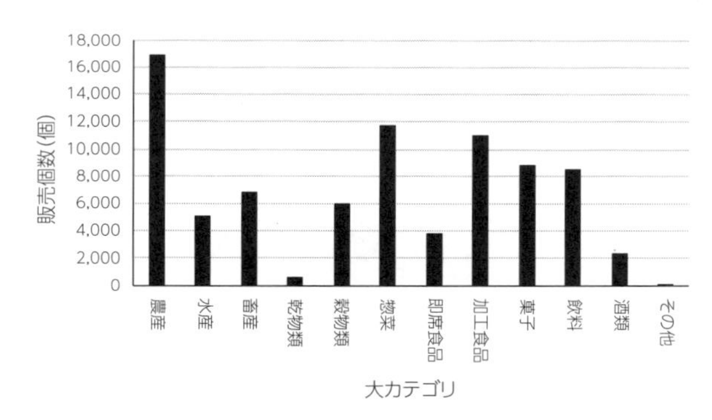

図 3.1　棒グラフ

う一方を積み上げるもしくは並べるような棒グラフを作成することができる。

折れ線グラフ

折れ線グラフは，要素を関連する順序に並べ，隣り合う要素の値を直線で結んだグラフである。時間の経過とともにどのようにデータが変化するかといったことを把握するときに利用する。図 3.2 は日ごとの来店客数であり，月を通じて傾向の変化は見られないものの，日ごとの変化は大きいことが分かる。

円グラフ・帯グラフ

円グラフや**帯グラフ**はある項目を細分化した時の構成比率を表したグラフである。市場占有率など全体に占める割合を評価したいときに用いる。図 3.3 は前述の棒グラフを作成した大カテゴリごとの販売個数をもとにした円グラフである。帯グラフは棒グラフで項目間で大きさを揃えて表示し，その中での構成比率を表記する。

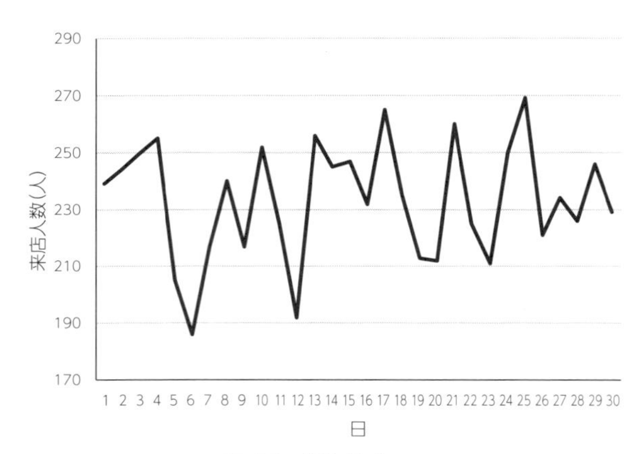

図 3.2　折れ線グラフ

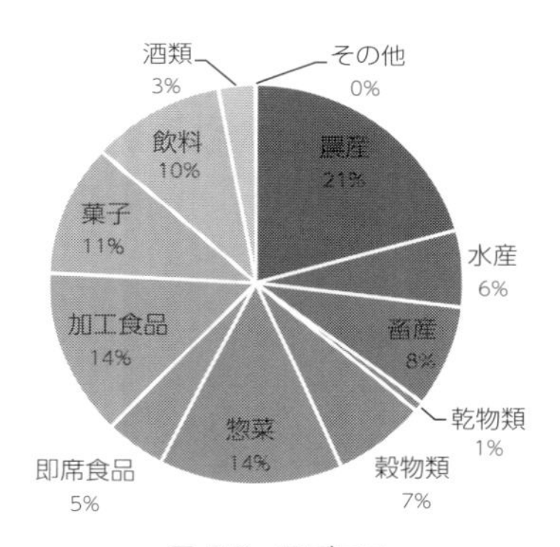

図 3.3　円グラフ

レーダーチャート

図 3.4 は**レーダーチャート**と呼ばれ，複数の系列と複数の項目があるときに，重ねて比較するグラフである。図 3.4 は 30 代の顧客と 60 代の顧客の大カテゴリの**買上率**，すなわち顧客のうちどのくらいの割合がそのカテゴリを購買したことがあるかどうかを比較したものである。30 代は「惣菜」，60 代は「水産」「加工食品」が特徴的なカテゴリといえる。このように，どの系列でどの項目に差があるかなどを比較することができる。

ヒストグラム

ある項目のデータの分布を示すときによく使われるのが**ヒストグラム**である。ヒストグラムは，データの値を区分した階級ごとに当てはまる頻度もしくは構成

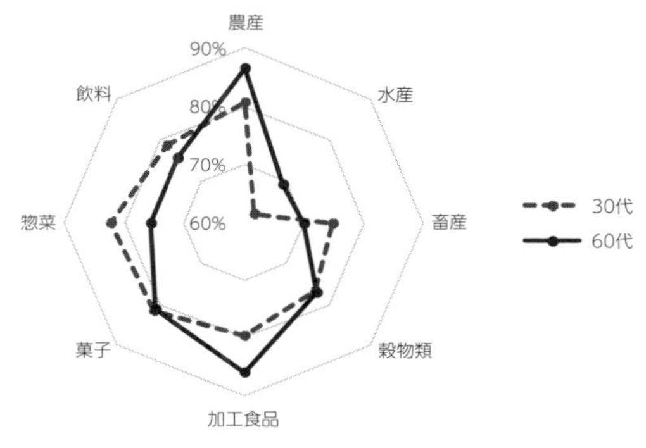

図 3.4　レーダーチャート

比率を求め，集計された値の大きさを表したグラフであり，度数分布表と一対で使われることが多い。図 3.5 は，購買機会ごとの購買金額を 1000 円ごとに区切ったヒストグラムである。1000 円台の購買を中心に分布していることが分かるが，まれに高額の購買もあることが分かる。

ヒストグラムの階級数をいくつにするかについては決定的な方法はなく，特にサンプルサイズが大きい時は階級数を変えながら，データの特徴がはっきり把握できるものを選択することが一般的である。ただし，以下のスタージェスの式[22)]を階級数を決定する一つの指標として用いることも有用である。k は推奨される階級数，n はサンプルサイズであり，サンプルサイズが 2 倍になったときに 1 つ階級を増やすとよいという式となっている。

$$k = \log_2 n + 1 \tag{3.1}$$

箱ひげ図

ヒストグラムは，データの分布についてどこに山があり，どのくらい裾が広いかといったことを視覚的に判断することができる。これに対して**箱ひげ図**は，データがどの値を中心に分布しているか，また，どのくらい裾が広いかを評価することができる。箱ひげ図では，後述する四分位数をもとに，中央の 50% のデータが含まれる範囲を箱で表し，箱の上下限から箱の大きさの 2 倍を限度とした範囲に入るデータに対してひげを描く。そして，ひげの外側のデータは**はずれ値**に該当する可能性があるという意味を含めて，個別のデータをマークする。図 3.6 は前述のヒストグラムのデータを箱ひげ図で示したものである。この図を

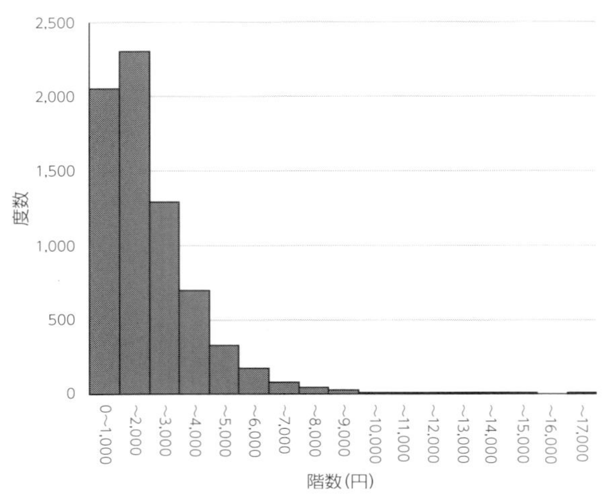

図 3.5　ヒストグラム

見ると，上側に裾の広いデータになっており，5000円を超えるデータについては，かなりまれなデータであることが分かる。なお，箱の中の平行線は中央値，×は平均値を表しており，このデータでは少数の値の大きなケースに平均が影響を受けて中央値が大きくなっている。

散布図

二変量の量的データの関係を可視化するグラフが**散布図**である。変数が相互に関係があるか，またどの程度の関係があるかを確認することができる。後述する相関係数が低い場合でも，関係が明確に認められる場合もあり，散布図を目視して確認することは重要である。図3.7は横軸に日別の農産カテゴリの平均商品単価，縦軸に販売数量とした散布図である。この図を見ると，平均商品単価が低い日の販売数量が多いことが分かる。

また，3変量以上のデータについても散布図を組み合わせて関係性を見ることができる。図3.8は図3.7のデータに日ごとの合計販売金額の項を加えた場合のすべての組合せの散布図である。

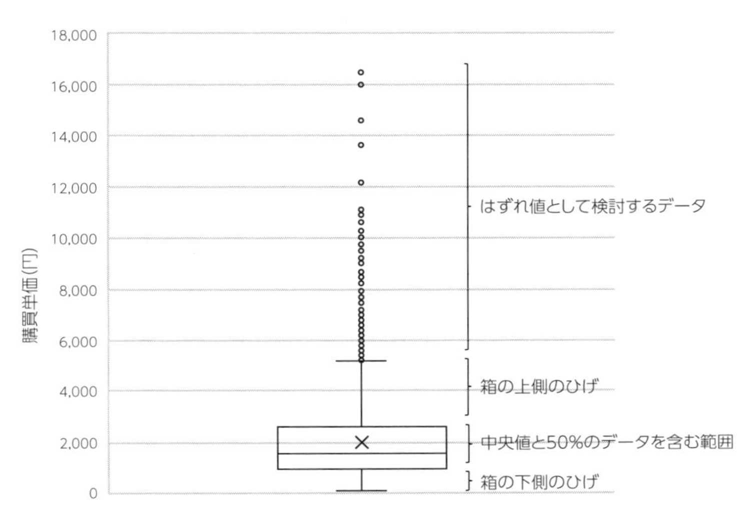

図 3.6　箱ひげ図

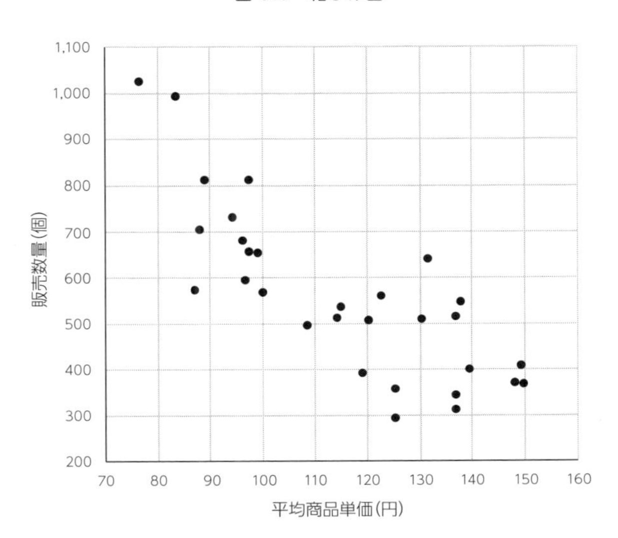

図 3.7　散布図

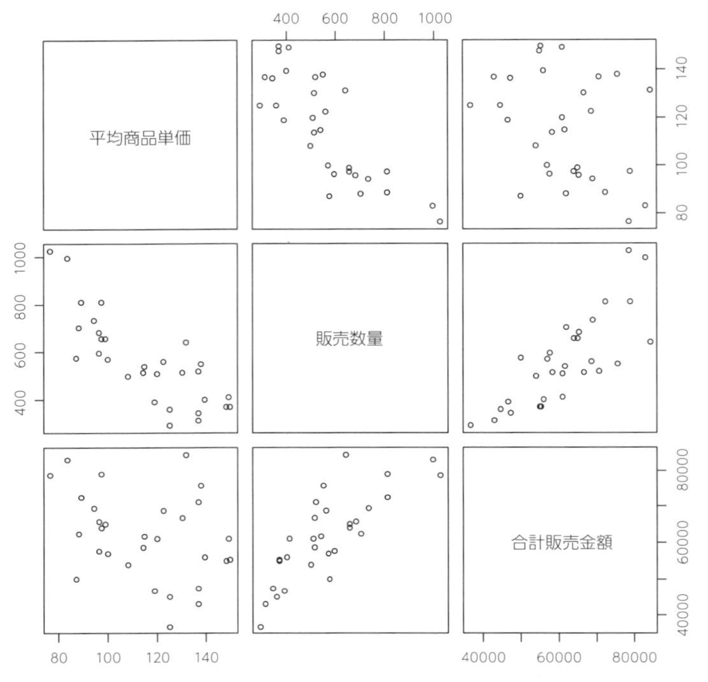

図 3.8　3 変量の散布図

3.4 一変量のデータの代表的な値を表す統計値

大量のデータを集計しその特徴を示す値が**統計値**である。以下では，統計分析で用いられる様々な統計値について紹介する。ここで紹介する統計値を含めて様々なデータの様子を表す統計値がまとめて**基本統計量**と呼ばれることもある。

今，サンプルサイズ n の一次元のサンプル $\boldsymbol{x} = (x_1, x_2, \cdots, x_n)^\top$ があるとき，このサンプルに対して，データ全体の特徴を示す中心的な統計値を考える。

最もよく使われるものは**算術平均**であり，(3.2) 式のようにデータの合計をサンプルサイズで割って求める。

$$\text{算術平均} = \frac{\sum_{i=1}^{n} x_i}{n} \tag{3.2}$$

平均値の中でも算術平均は最もよく使われるため，しばしば**平均**もしくは**平均値**と略され，$\bar{x}$ とも記述される。以下，断りなく $\bar{x}$ と記載する場合は，算術平均を指すものとする。

算術平均ははずれ値の影響を受けやすい。例えば，サンプルサイズが 5 人の年収をアンケートで尋ねた時に，4 人が 250 万円，残る 1 人が 4000 万円の時，算術平均は 1000 万円となる。しかし，サンプルの代表値としてみる場合に，値が固まっている領域から大きく外れているために使いづらい場合もある。

この場合，**中央値**も代表値として用いられることが多い。中央値はデータを大きさの順序に並べたときの，真ん中の順位の値となる。もしサンプルサイズが偶数の場合は，中央の 2 つの平均を中央値として採用する。したがって，少数のデータが大きく外れているような場合においても，中央値には影響しない。前述の 5 人の年収データの中央値は 250 万円である。例え，5 人のうちの 4 人の年収が 250 万円の場合，残る 1 人の年収がいくら高くても（または低くても）中央値は 250 万円で変わらない。

なお，データが順序尺度で得られている場合も平均値は意味を持たない。この時も中央値を代表値として用いる。

ただし，中央値は 1 つもしくは 2 つの値のみで決まるため，算術平均と比較して考慮されているデータの情報は圧倒的に少ない。そこで，はずれ値を含むような場合は，裾のデータを多少排除した上で算術平均を求める**調整平均**が用いられることもある。一般には「c% 調整平均」と書かれ，データの大きい方からと小さい方からそれぞれ c% 分のケースを除いたものをサンプルとして求めた算術平均である。

名義尺度の場合はこのような平均値，中央値とも計算できない。この場合は最も出現する数の多いデータを代表値として用いることが多い。これを**最頻値**という。

算術平均以外にも様々な平均値がある。

幾何平均は倍率の平均を表す。データはすべて正の実数が仮定され，幾何平均は (3.3) 式に示すように，データの積の累乗根となる。

$$\text{幾何平均} = \sqrt[n]{\prod_{i=1}^{n} x_i} \tag{3.3}$$

幾何平均は，需要の平均成長率や複利計算の平均利子率といった倍数による乗算形式で与えられるデータに関して適用される。例えば，ある連続する 4 年間において年成長率が 1 年目から 2 年目が 6%, 2 年目から 3 年目が 10%, 3 年目から

4 年目が 3% であったとき，平均成長率は，以下に示すように，それぞれに 1 を足した年間の倍率の積から幾何平均を求め，そこから 1 を引いて求められる。

$$\sqrt[3]{(1+0.06)\times(1+0.1)\times(1+0.03)}-1\approx 2.2\%$$

また，率の平均に注目する場合は，**調和平均**が用いられる。調和平均は以下のようにデータの逆数の平均を再度逆数にしたものであり，例えば，2 つのデータ $a, b\ (0<a<b)$ の調和平均は，

$$\text{調和平均}=\frac{1}{\dfrac{1/a+1/b}{2}}=\frac{2ab}{a+b} \tag{3.4}$$

で与えられる。この調和平均を h とすると，以下のように各データと調和平均の差が各データの大きさに比例する。

$$h-a:b-h=\frac{2ab}{a+b}-a:b-\frac{2ab}{a+b}=\frac{a(b-a)}{a+b}:\frac{b(b-a)}{a+b}=a:b \tag{3.5}$$

一般に調和平均は以下の式で与えられる。

$$\text{調和平均}=\frac{n}{\displaystyle\sum_{i=1}^{n}\frac{1}{x_i}}=\frac{n\displaystyle\prod_{i=1}^{n}x_i}{\displaystyle\sum_{i=1}^{n}\frac{\displaystyle\prod_{j=1}^{n}x_j}{x_i}} \tag{3.6}$$

時系列データにおいては**移動平均**が用いられる。季節変動や曜日変動のような一定周期の変動について，その周期を一つ含むようなウインドウ，すなわち平均を求める範囲を指定した幅を設定し，ウインドウをずらしながら平均を計算することで，長期のトレンドを評価するといったことができる。図 3.9 は，図 3.2 の折れ線グラフのデータについて，3 項移動平均と 7 項移動平均を追加したものである。移動平均の項を増やすと日ごとの変動がさらに抑えられることが分かるとともに，全体には安定した売上であることが分かる。

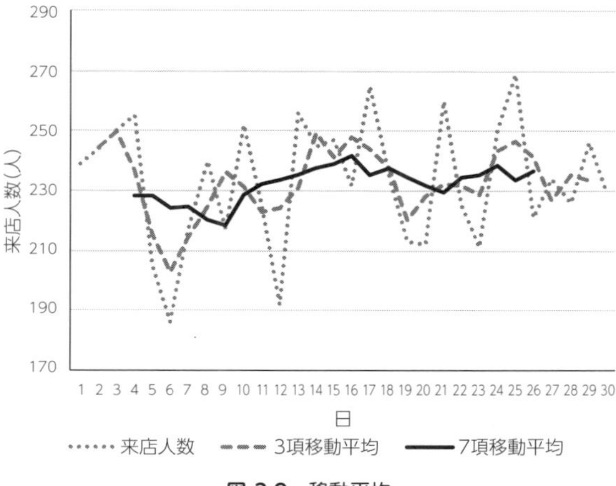

図 3.9　移動平均

3.5 一変量のデータのばらつきを表す統計値

平均値が同じである二つのサンプルがあったとしても，データの分布によってその様子は異なる。こうした分布の違いを評価するために，データの**ばらつき**に着目した統計値が求められる。

データのばらつきを評価する統計値としては，まず**範囲**が挙げられる。範囲はデータの最大値から最小値を引いた値である。

$$範囲 = \max_i x_i - \min_i x_i \tag{3.7}$$

図 3.6 で示した箱ひげ図では，箱の中に中央値の前後 50% のデータが含まれる範囲を表示している。すなわち，箱の上部はデータを降順に並べ替えた時の上位 25% の値であり，箱の下部は下位 25% の値である。このように 25% ずつ区切った値を**四分位数**と呼び，下から 25%, 50%, 75%, 100%（最大値）の順位に相当する値を順に第 1 四分位数，第 2 四分位数，第 3 四分位数，第 4 四分位数という。箱ひげ図の箱は第 3 四分位数から第 1 四分位数の範囲を示しており，これを**四分位範囲**その半分の値を**四分位偏差**と呼ぶ。

統計分析でしばしば用いられるばらつきの指標として，**分散**もしくは**標準偏差**がある。

ただし，分散にも2種類がある。一つは得られたデータそのものを評価する，すなわち記述統計で用いられる**標本分散**である。標本分散はばらつきの総和として，偏差平方和を求め，ケース一つ当たりの平均値として表す。すなわち，データ $\boldsymbol{x}$ の算術平均を $\bar{x}$ に対して，標本分散は (3.8) 式のように定義される。

$$\text{標本分散} = \frac{\displaystyle\sum_{i=1}^{n}(x_i - \bar{x})^2}{n} \tag{3.8}$$

これに対して，得られているデータは母集団から抽出されたサンプルであるときに，母集団の分散を評価したい場合がある。この場合は母集団の分散の推定に対して**不偏性**が求められ，分散については**不偏分散**が該当する。標本分散が偏差平方和をサンプルサイズ n で割るのに対して，(3.9) 式のように自由度 $n-1$ で割って求められる。したがって，不偏分散は標本分散に比べて少し大きくなる。ただし，サンプルサイズが大きくなると標本分散と不偏分散の差はほとんどなくなる。不偏分散の導出については，付録を参照されたい。

$$\text{不偏分散} = \frac{\displaystyle\sum_{i=1}^{n}(x_i - \bar{x})^2}{n-1} \tag{3.9}$$

なお，分散は算術平均とともに，データの分布を示す統計値として利用されるが，算術平均は単位が元のままであるのに対して，分散の単位は元の単位の2乗となっているため平均と直接比較しづらい。そこで，分散の平方根を求めることによって単位を合わせる。この統計値を**標準偏差**という。標本分散，不偏分散共に標準偏差を求められる。不偏分散の標準偏差は (3.10) 式のように与えられる。

$$\text{標準偏差} = \sqrt{\frac{\displaystyle\sum_{i=1}^{n}(x_i - \bar{x})^2}{n-1}} \tag{3.10}$$

データの中心的な位置を示す統計値である算術平均と，データの散らばりの尺度である標準偏差についてその比を求めたものを**変動係数**という。

$$\text{変動係数} = \frac{\text{標準偏差}}{\text{算術平均}} \tag{3.11}$$

変動係数は相対的な散らばりを示す指標であり，変動係数が大きければ算術平均から大きく離れたデータが多くあり，逆に小さければ，算術平均近辺にデータが固まって分布していると解釈できる。

例えば，二つの集合 $A = \{100, 200, 300\}$ と $B = \{900, 1000, 1100\}$ の平均値はそれぞれ 200 と 1000 であるが，（不偏分散に対する）標準偏差はどちらも 100 である。このとき，集合 A の変動係数は $100/200 = 0.5$ であるのに対して，集合 B の変動係数は $100/1000 = 0.1$ とはるかに小さい。同じ 100 円割引く場合でも通常価格が 200 円の商品と 1000 円の商品ではインパクトが異なるというのを考えていただいても理解できよう。変動係数はデータが存在する範囲に対してどのくらいのばらつきの大きさを持っているかを示しているため，同じばらつきであれば平均的にデータの値が大きい方が，相対的なばらつきの大きさは小さくなるためである。

3.6 二変量間の統計値

前節では一変数についてその統計値を求めたが，多変量データについては二変数のデータについてそのばらつきの大きさ，もしくは関係が評価の対象となる。

共分散は二変量のばらつきについてその方向を考慮して求める。ここでいう方向とは，一方の項目の値が大きくなる時に，もう一方の項目の値が大きくなる傾向にあるかそれとも小さくなる傾向にあるかをいう。一方の項目の値が大きくなるに従ってもう一方の項目の値も大きくなる傾向にあるときは正，逆に小さくなる傾向にあるときは負となるように求められる。したがって，対応のある二変量 $(\boldsymbol{x}, \boldsymbol{y}) = ((x_1, y_1), (x_2, y_2), \cdots, (x_n, y_n))^\top$ において，それぞれの平均を $\bar{x}, \bar{y}$ とすると共分散は以下のように 2 変量の偏差の積和を散らばりの総量として，自由度（もしくはサンプルサイズ）で除した値として与えられる。

$$
\text{共分散}_{xy} = \frac{\displaystyle\sum_{i=1}^{n}(x_i - \bar{x})(y_i - \bar{y})}{n-1} \tag{3.12}
$$

共分散は 2 変量の単位の積としての量で表される。したがって，単位を変えると共分散の大きさも変わる。そこで，2 変量間の関係を示す時には単位は関係なく無次元化するほうが便利である。そのために，2 変量それぞれの標準偏差で除することで無次元化することができる。この統計量を**相関係数**という。

$$
\text{相関係数}_{xy} = \frac{\text{共分散}_{xy}}{\text{標準偏差}_x \times \text{標準偏差}_y} \tag{3.13}
$$

相関係数は -1 から 1 の間の値を取り，その符号は共分散と同じとなる。相関係数の絶対値が 1 に近いほど正もしくは負の傾きの線形の関係が強い。相関係数が正の値であれば正の相関関係があるといい，負の値であれば負の相関関係を持つという。また相関係数が 0 の場合を無相関といい，二変量間の大小関係がそれぞれ関係を持たない。絶対的な関係性については記述できないものの，おおむね以下のような意味付けができる。

表 3.5　相関係数とその解釈

相関係数の値	意味付け
$0 \leq \vert$ 相関係数$_{xy}\vert < 0.2$	ほとんど相関関係はない
$0.2 \leq \vert$ 相関係数$_{xy}\vert < 0.4$	弱い相関関係がある
$0.4 \leq \vert$ 相関係数$_{xy}\vert < 0.6$	比較的弱い相関関係がある
$0.6 \leq \vert$ 相関係数$_{xy}\vert < 0.8$	比較的強い相関関係がある
$0.8 \leq \vert$ 相関係数$_{xy}\vert \leq 1$	強い相関関係がある

図 3.10 に相関係数ごとに散布図を示す。

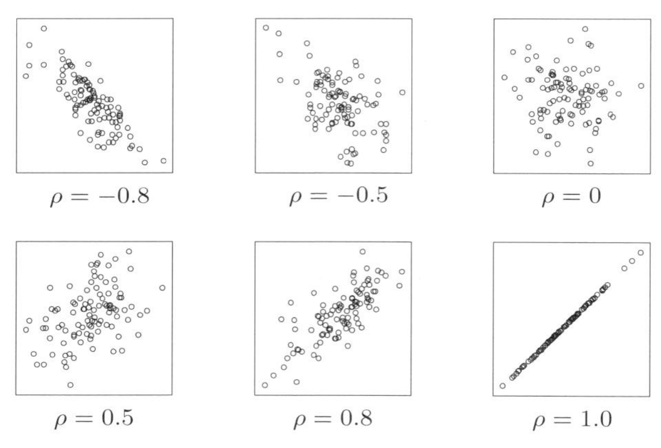

図 3.10　散布図と相関係数

相関係数は散布図と密接な関係があるが，散布図から相関係数を下げるようなはずれ値を見つけることもできる場合がある。図 3.11 は 2016 年の各都道府県別の 65 歳以上の人口比率を横軸に，世帯年収を縦軸に表したものであるが，グラフの左下に一つだけ全体のグループからはずれているものがある。この点は沖縄県であるが，横軸，縦軸それぞれについてヒストグラムを描いても，沖縄県はいずれも一山分布の中に入る。しかし，二変量の関係を見ると明からに，他の点か

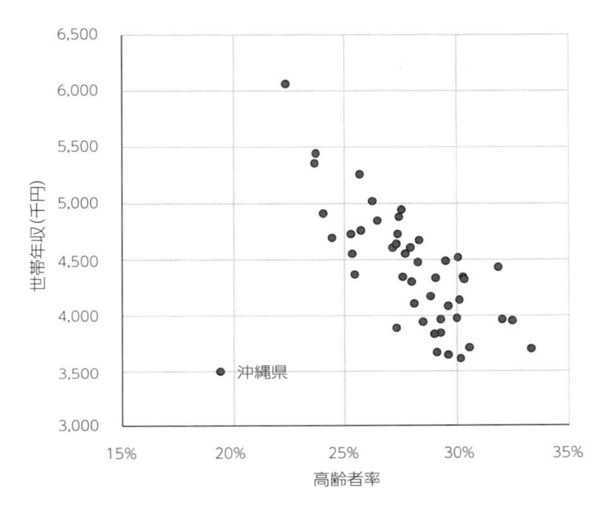

図 3.11　はずれ値を含む散布図 (1)

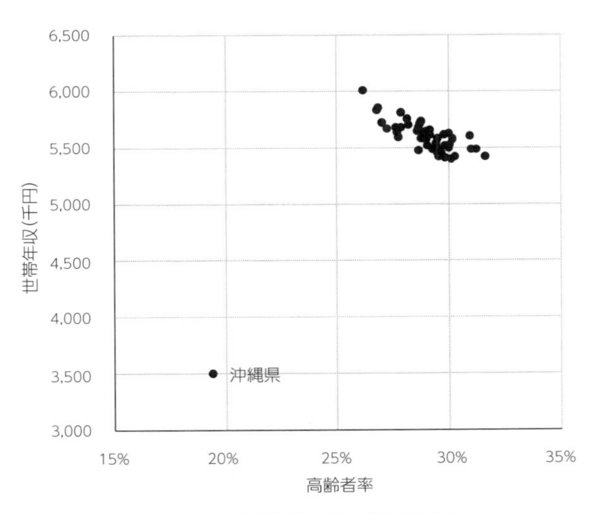

図 3.12　はずれ値を含む散布図 (2)

ら離れている。47 都道府県全体でこの二変量の相関係数は -0.55 であるが，沖縄県を除いた相関係数は -0.76 と二変量間の関係が強くなる。

また，図 3.12 は図 3.11 の沖縄県以外のデータについて，横軸は $x/2+0.25$，縦軸は $y/4+4500$ と変換した人工データである。この場合，変換しなかった沖縄県が際立ってはずれ値となり，沖縄県を除いた相関係数は -0.76 と変わらないが，沖縄県を含めた場合は相関係数は 0.55 となり符号すら逆転する。

このように，はずれ値の存在で相関関係が逆転したりする場合もあるので，実際の分析の際には，統計値を見るだけでなく，ヒストグラムや散布図などを注意深く観察することも重要である。はずれ値は相関係数だけではなく，後の章で説明する各種のモデル分析においても結果に影響を与えるため，事前に注意深くデータを観察する必要がある。

社会調査のデータでは，定量データが必ずしも比例尺度の形式で取得できない場合もある。特にアンケート調査などでは，順位形式の回答を求められることもある。この場合，項目間の相関をどのように見積もるかについては2通りの考え方がある。1番目は，順位データをそのまま数値として考える方法である。すなわち評価対象が n 個あり，このとき項目 X と項目 Y の相関係数を上述の相関係数と同様に求める。ただし，同順位がなければ，それぞれの項目のデータは1から n までの整数が重複なく出現するため，相関係数の計算式は以下のように簡略化できる。この相関係数を**スピアマンの順位相関係数**と呼ぶ。$\tilde{X}_i$, $\tilde{Y}_i$ はそれぞれケース i の項目 X, Y の中での順位を表している。

$$\text{スピアマンの順位相関係数} = 1 - \frac{6}{n^3 - n}\sum_{i=1}^{n}(\tilde{X}_i - \tilde{Y}_i)^2 \tag{3.14}$$

スピアマンの順位相関係数は，順位をそのまま座標として相関係数を求めているが，実際隣り合う順位間の本来の値の差が常に同じ幅であるとは限らない。

そこで，順位の関係だけから関係を評価しようという方法が**ケンドールの順位相関係数**である。ケンドールの順位相関係数では，ケースのすべての組合せの順位について二つの項目の順位の大小が同じならば1，そうでなければ -1 とし，その合計を組合せの数で割って求める。すなわち，

$$\text{ケンドールの順位相関係数} = \frac{2 \times (|S| - |T|)}{n(n-1)} \tag{3.15}$$

となる。ただし $|S|$ は順位の大小関係が一致するケースの組合せの数，$|T|$ は順位の大小関係が一致しないケースの組合せの数である。

いずれの順位相関係数も最大値は2つの項目ですべてのケースの順位が完全に一致する場合に1となり，2つの変数で順位が完全に入れ替わるときに最小値の -1 となり，相関係数の性質を満たす。

ID付きPOSデータにおいて，日ごとの来店客数，合計販売個数，合計販売金額の統計値は表3.6のように求められる。

また，項目間の相関係数は表3.7のようになる。

表 3.6　ID 付き POS データの基本統計量

統計値	来店客数（人）	合計販売個数（個）	合計販売金額（円）
最大値	269	3472	583855
平均値	233	2721	459963
中央値	235	2748	455678
最小値	186	1740	303205
不偏分散	433	220885	4605865394
標準偏差	21	470	67867

表 3.7　項目間の相関係数

	来店客数	販売個数	合計販売金額
来店客数	1.000	0.824	0.754
販売個数	0.824	1.000	0.874
合計販売金額	0.754	0.874	1.000

第4章

推測統計：確率分布と統計的検定

「前章ではデータの特徴を把握するための記述統計についてまとめたが，本章では母集団の統計量に関する推測統計について説明する。得られているデータは母集団から標本抽出されたものであることが多いが，本来知りたいのは，母集団に対する情報である。標本は抽出するごとにデータが異なるため，母集団が従う確率分布を抽出による変動を加味した評価が必要となる。こうした分析は，以降の章で説明する様々な分析モデルの評価においても重要となる。本章では，最初に統計分析でよく使われる様々な確率分布についてまとめる。その後，標本から推測される母集団の統計値に関する区間推定と，設定された仮説に対する統計的検定について述べる。なお，確率に関する厳密な数学の議論は他の専門書に譲り，本書では，分析を進めるうえで必要な項目に限り説明する。」

4.1 確率変数と確率分布

統計的検定や統計モデルにおいては，データが従う**確率分布**が仮定される場合が多い。確率分布は，データの値の取りうる性質によって，離散確率分布と連続確率分布に大きく分けられる。**離散確率分布**は，サイコロの目の値や 1 から 100 の整数というように，観測される値が限定される分布であり，観測される値の出現確率は 0 以上の値で与えられる。確率変数 X の取りうる値 x_i の生起確率を，

$$p(x_i) = \Pr\{X = x_i\} \tag{4.1}$$

とする。$p(x)$ を**確率質量関数**もしくは**生起確率**という。この分布の期待値（平均）$E(X)$ と分散 $V(X)$ はそれぞれ，

$$E(X) = \sum_i x_i p(x_i), \qquad V(X) = \sum_i (x_i - E(X))^2 p(x_i) \tag{4.2}$$

として表される。前節の算術平均ならびに標本分散は各ケースの出現確率をサンプルサイズの逆数，すなわち各ケースが等確率で出現したとして求めたことに他ならない。

連続確率分布は，確率変数の定義域においてあらゆる実数が実現値としてあり得る場合の分布である。例えば区間 $[1, 2]$ の実数全体というような場合でを表すが，離散確率分布と異なり各々の値の出現確率はいずれも 0 である。その代わりに，確率密度関数を与えることによって，区間の起こる確率が求められる。連続確率分布では，確率変数 X の値 x に対する**確率密度関数** $f(x)$ が与えられる。このとき区間 $a \leq x < b$ の出現確率は，

$$\Pr\{a \leq x < b\} = \int_a^b f(x)\mathrm{d}x \tag{4.3}$$

で与えられる。また，ある値以下が出現する確率を累積確率と呼び，**累積確率分布**は，

$$F(x) = \int_{-\infty}^{x} f(t)\mathrm{d}t \tag{4.4}$$

となり，$f(x) = \mathrm{d}F(x)/\mathrm{d}x$ である。

また，期待値 $E(X)$ と分散 $V(X)$ はそれぞれ，

$$E(X) = \int_{-\infty}^{\infty} x f(x)\mathrm{d}x, \qquad V(X) = \int_{-\infty}^{\infty} (x - E(X))^2 f(x)\mathrm{d}x \tag{4.5}$$

となる。

以下では，データ分析にしばしば登場する代表的な確率分布について説明する。

4.2 離散確率分布

ベルヌーイ分布

ある質問項目の内容に当てはまるか当てはまらないか，またある商品を好むか好まないかといった二者択一を表す分布を**ベルヌーイ分布**といい，確率 p で 1，$1-p$ で 0 となる分布である。確率変数 X がベルヌーイ分布に従うとき，

$$X \sim Ber(p) \tag{4.6}$$

と表される。ベルヌーイ分布の期待値と分散はそれぞれ $E(X) = p, V(X) = p(1-p)$ となる。

二項分布

確率 p で当たるようなベルヌーイ分布に従う試行を独立に複数回繰り返した時，当たる回数の従う分布を**二項分布**という。n 回の試行のうち k 回当たる確率は，

$$\Pr\{X = k\} = {}_nC_k p^k (1-p)^{n-k} \tag{4.7}$$

である。確率変数 X が二項分布に従うとき，

$$X \sim B(n, p) \tag{4.8}$$

と記述する。$B(10, 0.5)$, $B(20, 0.5)$ をグラフで表すと図 4.1 のようになる。

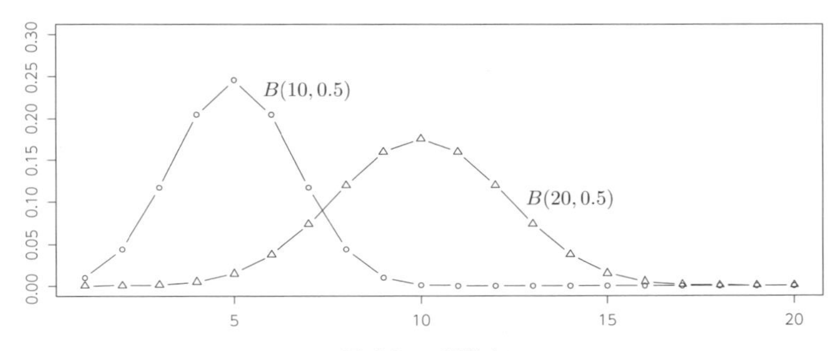

図 4.1 二項分布

二項分布の期待値と分散はそれぞれ $E(X) = np, V(X) = np(1-p)$ となる。

ポアソン分布

ポアソン分布はパラメータ λ を持つ。確率変数は非負の整数を取り，$X = k$ となる確率は，

$$\Pr\{X = k\} = \frac{\lambda^k e^{-\lambda}}{k!} \tag{4.9}$$

と表される。ポアソン分布の期待値と分散はいずれも λ である。$\lambda = 1, 3, 5, 10$ の場合の確率分布を図 4.2 に示す。

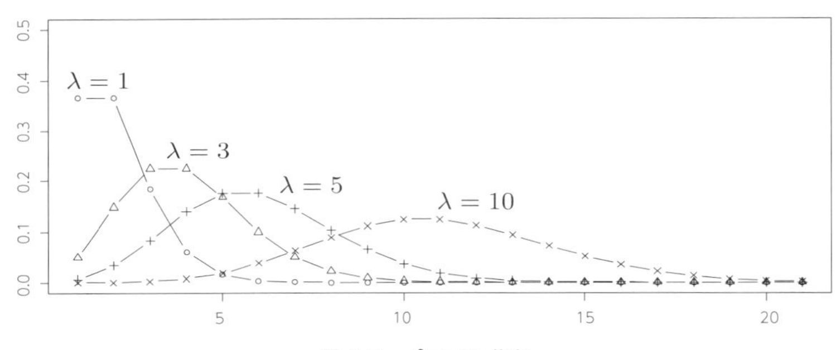

図 4.2　ポアソン分布

なお，事象の発生間隔が次に示す指数分布に従うとき，単位時間当たりのは発生数がポアソン分布に従うことが知られている。

4.3 連続確率分布

指数分布

指数分布は顧客の到着間隔などランダムな発生の発生間隔の分布として知られている。確率変数の取りうる値は非負の実数である。非負のパラメータ λ を持ち，確率密度関数は次のように表される。

$$f(x) = \lambda e^{-\lambda x}, \qquad x \geq 0 \tag{4.10}$$

指数分布の累積分布関数は，

$$F(x) = \int_{-\infty}^{x} f(t)dt = \int_{-\infty}^{x} \lambda e^{-\lambda t}dt = 1 - e^{-\lambda x} \tag{4.11}$$

となる。指数分布は無記憶性を持つ唯一の連続分布である。無記憶性とは，どの時点のハザード率，すなわちその時点までに当該の事象が生起していない条件の下でその瞬間に事象が発生する確率は一定である性質であり，(4.12) 式で表される。

$$H(\tau) = \lim_{\Delta t \to +0} f(t + \Delta t | t \geq \tau) = \lim_{\Delta t \to +0} \frac{f(\Delta t)}{1 - F(t)} = \lambda \tag{4.12}$$

指数分布は顧客の到着間隔などを表す分布として，待ち行列理論で用いられる基本的な分布である。

図 4.3 に指数分布の確率密度関数を示す。

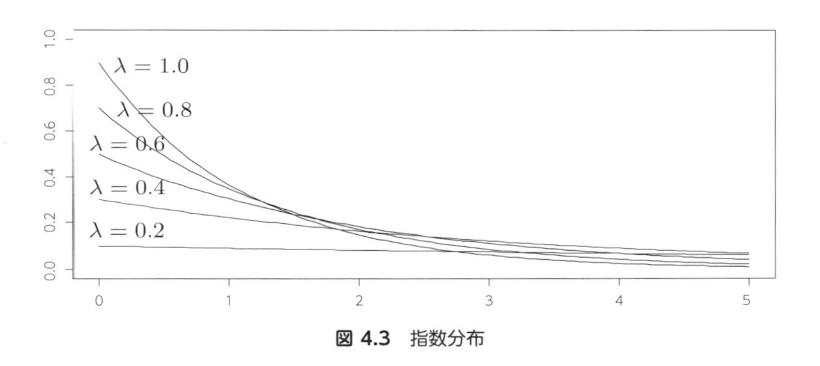

図 4.3 指数分布

正規分布

正規分布は平均と分散の二つのパラメータを持ち，それぞれを μ, σ^2 とする。確率変数 X が正規分布に従うとき，

$$X \sim N(\mu, \sigma^2) \tag{4.13}$$

と記述する。

正規分布の確率密度関数は，

$$f(x) = \frac{1}{\sqrt{2\pi\sigma^2}} \exp\left\{-\frac{(x-\mu)^2}{2\sigma^2}\right\} \tag{4.14}$$

で与えられ，その累積分布関数は，

$$F(x) = \int_{-\infty}^{x} \frac{1}{\sqrt{2\pi\sigma^2}} \exp\left\{-\frac{(t-\mu)^2}{2\sigma^2}\right\} \mathrm{d}t \tag{4.15}$$

であるが，この積分は解析的に計算することはできない。そして，平均が 0，分散が 1 の正規分布を**標準正規分布**という。標準正規分布に従う確率変数 X があ

る場合，

$$Y = \mu + X \times \sigma \tag{4.16}$$

とすれば，$Y \sim N(\mu, \sigma^2)$ となる。また逆に，

$$X = \frac{Y - \mu}{\sigma} \tag{4.17}$$

とすれば，標準正規分布に従う。(4.17) 式を**標準化**という。

正規分布に従う確率変数の生起確率を計算する場合は，付録に掲載した標準正規分布表などを用いる。

図 4.4 に正規分布の確率密度関数の例を示す。

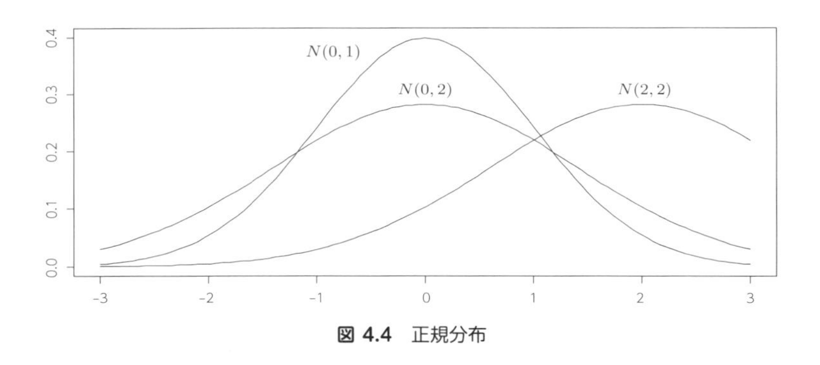

図 4.4　正規分布

正規分布の確率密度関数は，平均値の時に最大となり，平均値から離れるに従って確率密度関数の値は小さくなる。平均値に対して左右対称な分布であり，平均値から標準偏差分離れるまでは上に凸，それより外側は下に凸な関数になる。

また，二項分布は試行回数 n が大きい場合には正規分布で近似できる。

t 分布

母平均 μ をもつ母集団から抽出された標本 $X_1, X_2, \cdots, X_n$ について，その標本平均 $\bar{X}$ と不偏分散 S_X^2 について，

$$t = \frac{\bar{X} - \mu}{S_X / \sqrt{n}} \tag{4.18}$$

は自由度 $n-1$ の **t 分布**に従う。

なお，自由度 $n-1$ の t 分布の確率密度関数は，次の式で与えられる。

$$f(x) = \frac{\Gamma\left(\frac{n}{2}\right)}{\sqrt{(n-1)\pi}\Gamma\left(\frac{n-1}{2}\right)} \left(1 + \frac{x^2}{n-1}\right)^{-n/2} \tag{4.19}$$

ただし，$\Gamma(x)$ はガンマ関数であり，

$$\Gamma(x) = \int_0^{\infty} y^{x-1} \mathrm{e}^{-y} \mathrm{d}y \tag{4.20}$$

である。

t 分布は後述する小サンプルの平均値の差の検定で中心的な役割を果たす。

図 4.5 にいくつかの自由度に関する t 分布の確率密度関数を示す。

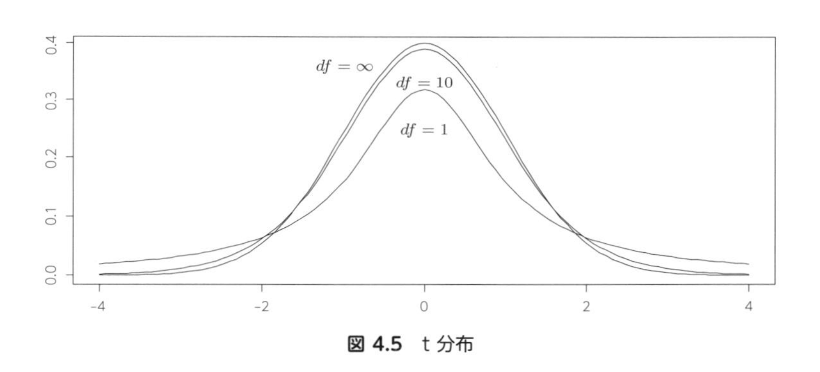

図 4.5 t 分布

t 分布の期待値は 0 であり，分散は $(n-1)/(n-3)$ である。t 分布は自由度が大きくなると標準正規分布に収束するが，自由度が小さいうちは，分散も 1 よりかなり大きくなり，裾の広い分布となる。したがって，両端の累積確率について t 分布と標準正規分布を比べると，t 分布は標準正規分布と比べて 0 から離れた範囲となる。具体的な t 分布表については付録を参照いただきたい。

χ^2 分布

標準正規分布に従う確率変数 $X_i (i = 1, 2, \cdots, n)$ について，

$$Z = \sum_{i=1}^{n} X_i^2 \tag{4.21}$$

が従う分布を自由度 n の **χ^2（カイ二乗）分布**という。

Z がある値 α 以上になる確率 p_α は,

$$p_\alpha = \int_\alpha^{\infty} \frac{1}{2\Gamma(n/2)} \left(\frac{t}{2}\right)^{n/2-1} \exp\left\{-\left(\frac{t}{2} - 1\right)\right\} \mathrm{d}t \tag{4.22}$$

で与えられる。付録にあるような数値表が与えられる場合もある。

χ^2 分布の確率密度関数を図 4.6 に示す。

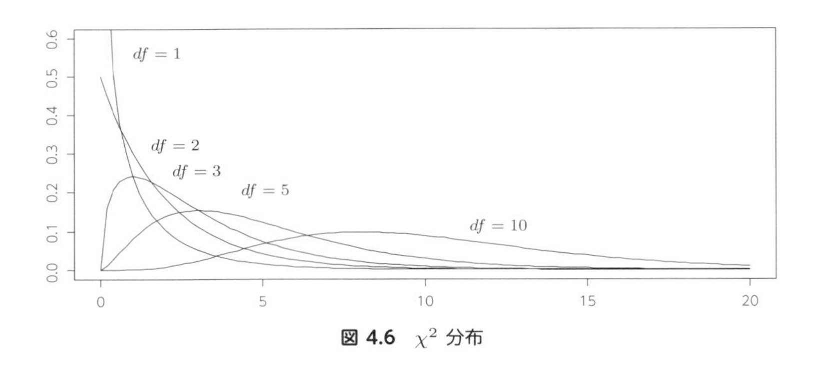

図 4.6　χ^2 分布

図 4.6 に示すように，χ^2 分布の定義域は非負の実数であり，自由度が大きくなるに従って山がグラフの右にシフトするような分布となる。χ^2 分布は適合度検定や独立性の検定の他，決定木の分割判定にも使われる。

F 分布

自由度が ν_1, ν_2 の二つの χ^2 分布，χ_1^2, χ_2^2 について，$(\chi_1^2/\nu_1)/(\chi_2^2/\nu_2)$ が従う分布を **F 分布**といい，

$$F_{(\nu_1,\nu_2)} \sim \frac{\chi_1^2/\nu_1}{\chi_2^2/\nu_2} \tag{4.23}$$

と記述する。

F 分布は，上式の通り 2 つの自由度を持ち，χ^2 分布同様左右非対称な分布である。自由度によって大きく形が違うが，F 分布は自由度で調整された χ^2 の比であるので，自由度が大きくなると 1 近辺の出現確率が大きい分布となる。いくつかの例を図 4.7 に示す。

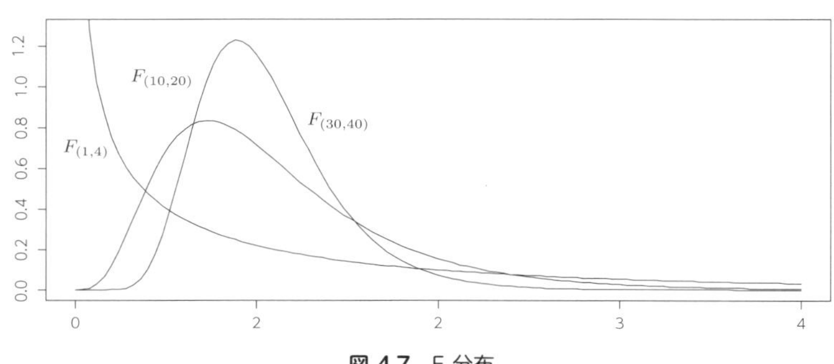

図 4.7　F 分布

4.4 中心極限定理と大数の法則

一般に得られたサンプルは，ある条件で母集団から抽出されたものであり，取得の時期や抜き取りに使う乱数によって異なる。したがって，得られたサンプルはある種の偶然性を含んでいるために，完全に母集団を代表するものとはいいきれない。例えば，ある店舗の顧客から何人かを選んでアンケートを実施した結果，対象カテゴリの平均購買金額が 1000 円であったとしても，その母集団である顧客全体のそのカテゴリの平均購買金額が 1000 円であるとは断言できない。

しかし，この 1000 円という値はある一つのサンプルに対する標本平均というに過ぎないが，母集団の不偏推定量にはなるため，母集団における平均値もサンプルの平均値の前後にあることが期待できよう。

そこで，母集団の平均をサンプリングの誤差を考慮してある確率（例えば 95%）で 900 円から 1100 円の間であるというように見積もることを考える。このような推定方法を**区間推定**と呼ぶ。

また，統計的検定は今得られているサンプルの平均が期待される平均とは異なるということを統計学的に判断しようという方法の総称であり，統計値に関する仮説を設定した上で，ある水準でそれが成り立つか否かを判断する方法である。

いずれもサンプルから母集団の様子，特に統計量を知ろうという**推測統計学**に含まれる。

これらを考えるときは，次に紹介する二つの重要な性質が役に立つ。

大数の法則は，サンプルサイズの大きなデータから平均値を求めると，母集団の平均値に近づくという法則である。サイズの大きい母集団からわずか 2 つのケースを選択したサンプルから得られた平均値と，1 万のケースを選択したサンプルから得られる平均値を比較した場合，後者の方が母集団の平均値により近いことが期待できることは感覚的にも理解できよう。

また，**中心極限定理**とは，ある程度のサンプルサイズを仮定できれば，母集団の分布が正規分布であるかどうかに関わらず多くの分布でその標本平均は正規分布に従うという定理であり，標本平均と真の平均の誤差について評価できる。

そして，母平均 μ と母分散 σ^2 を持つような独立で同一の分布に従う大きさが n の確率変数列 $X_1, X_2, \cdots, X_n$ について，次の関係が成り立つ。

$$\lim_{n\to\infty} \Pr\left\{ \frac{\dfrac{\sum_{i=1}^{n} X_i}{n} - \mu}{\dfrac{\sigma}{\sqrt{n}}} \le \alpha \right\} = \frac{1}{\sqrt{2\pi}} \int_{-\infty}^{\alpha} \exp\left\{ -\frac{x^2}{2} \right\} \mathrm{d}x \tag{4.24}$$

すなわち，確率変数の和を標準化すると標準正規分布に従う。また，サンプルサイズ n が十分に大きい時は標本平均と母平均の差を $\sqrt{n}$ 倍すると正規分布 $N(0, \sigma^2)$ に従う。これらの性質から，推測統計学では多くの場合，母集団の分布が正規分布に従うことを仮定するが，平均値に関してはこういった条件を仮定することなく評価することができる。なお，よく利用される性質として，母集団の分散が σ^2 であるとき，そこから大きさ n のサンプルを抽出すると，標本平均の分散は σ^2/n になることが知られている。したがって，このとき標本平均の標準偏差は $\sqrt{\sigma^2/n}$ となる。

例えば，$\{5, 6, 8, 10, 11\}$ というデータの標本分散は 5.6 であるが，これら 5 つの値について復元抽出を許した組合せの平均値をすべての場合の標本分散は $2.8 = 5.6/2$ である。すなわち，表 4.1 の各値は表側と表頭の数値の平均値であり，この 25 ケースの標本分散を求めると 2.8 となる。

$$V_1 = \frac{(5-8)^2 + (6-8)^2 + \cdots + (11-8)^2}{5} = 5.6$$

$$V_2 = \frac{(5.0-8)^2 + (5.5-8)^2 + \cdots + (11.0-8)^2}{25} = 2.8$$

同様に，4 回復元抽出したデータの標本分散は $1.4 = 5.6/4$ となる。

表 4.1　分散の比較例

	5	6	8	10	11
5	5.0	5.5	6.5	7.5	8.0
6	5.5	6.0	7.0	8.0	8.5
8	6.5	7.0	8.0	9.0	9.5
10	7.5	8.0	9.0	10.0	10.5
11	8.0	8.5	9.5	10.5	11.0

4.5 区間推定

サンプルから得られる平均値はあくまでそのサンプルにおける平均値に過ぎず，母集団の平均値が必ずしもサンプルの平均値に一致するわけではない。むしろ，サンプルの平均値とは違うことの方が一般的であろう。これらは分散などの他の統計値についても同様である。

ただし，標本平均 $\bar{x}$ は母集団の平均（母平均という）μ の不偏推定量になっているため，μ は $\bar{x}$ の周りにあると考えてよいであろう。不偏性については付録を参照されたい。

ここで，サンプルの平均とばらつきをもとに，ある確率で母集団の平均が含まれるであろう範囲を推定したい。こうした範囲を**信頼区間**といい，90% もしくは 95% といったような考慮したい確率を**信頼水準**もしくは**信頼係数**と呼ぶ。また，信頼区間の上界と下界の値を**信頼限界**という。

4.5.1 ● 正規分布による区間推定

前節で述べたように，母集団のデータの分布がどうであれ，抽出されたサンプルの平均の分布は正規分布に従う。また，母集団の分散が既知である場合の平均値の分散は，母集団の分散 σ^2 をサンプルサイズで除した σ^2/n として表される。

したがって，例えば信頼水準を 95% と設定したとき，母平均の信頼区間は次の範囲で求められる。

$$\bar{x} - 1.96 \times \sqrt{\frac{\sigma^2}{n}} \leq \mu \leq \bar{x} + 1.96 \times \sqrt{\frac{\sigma^2}{n}} \tag{4.25}$$

なお，サンプルサイズが大きい場合も上式で信頼区間を求めることができる。

4.5.2 ● t 分布による区間推定

前節では母集団の分散が分かっている場合の区間推定について述べたが，一般には母集団の分散があらかじめ分かっていることはまれである。サンプルサイズが小さい標本について母集団の平均値の区間推定をするためには，母集団の分散も抽出されたサンプルから推定しなければならない。このとき，母集団の分散の不偏推定量である不偏分散を用いる。ここで，平均値の分散を求める場合，サンプルサイズ n の代わりに自由度 $n-1$ で割った不偏分散 $\hat{\sigma}^2$ を (4.25) 式の σ^2 の代わりに用いるか，標本分散を $(n-1)/n$ で割る。また，このとき信頼区間の分

布は自由度 $n-1$ の t 分布に従うことから，信頼水準が 95% の場合は (4.25) 式の 1.96 の代わりに $t_{n-1}(0.025)$ の値を用いる。同じ信頼水準においても標準正規分布の値に比べて t 分布の値は大きくなるため，信頼区間もその分大きくなる。ただし，自由度によってその裾の広がりが異なり，また自由度が大きくなればなるほど正規分布に近づく。

以上より，母集団の分散が未知であるような場合，不偏分散を計算する。そして設定された信頼水準 $(1-\alpha)$ に対して t 分布の値を求める。

すなわち，分散が未知の場合の母集団の平均値の信頼区間は，以下の式で与えられる。

$$\bar{x} - t_{n-1}\left(\frac{\alpha}{2}\right) \times \sqrt{\frac{\hat{\sigma}^2}{n}} \leq \mu \leq \bar{x} + t_{n-1}\left(\frac{\alpha}{2}\right) \times \sqrt{\frac{\hat{\sigma}^2}{n}} \tag{4.26}$$

ID付きPOSデータについて，各購買機会の平均購買金額について区間推定を行う。全 6998 回の購買機会について，その平均値と分散を求めると，ぞれぞれ，1971.83（円），2343287（円^2）となる。自由度 6997 の t 分布の 95% 信頼区間は $[-1.96, 1.96]$ となり，すでに説明したように自由度が大きい t 分布は標準正規分布とほぼ変わらない。このとき，平均購買金額の 95% 信頼区間は，

$$\begin{aligned}&\left[1971.83 - 1.96 \times \sqrt{\frac{2343287}{6998}},\ 1971.83 + 1.96 \times \sqrt{\frac{2343287}{6998}}\right]\\&= [1935.96, 2007.03]\ (\text{円})\end{aligned}$$

となる。

4.5.3 ● 母比率の区間推定

テレビの視聴率は，各家庭に設置されているテレビのうち当該番組をどのくらいの割合が視聴しているかを表すが，実際には一地域数百世帯のモニタからのデータにより測定されている[51]。関東地方の場合，全世帯数は約 2000 万世帯であるので，ほんのわずかの世帯のみが対象になっている。もちろん，全世帯から視聴率データを取得することは困難であり，コストとデータの信頼性の両者を天秤にかけてサンプルサイズを決めていると考えられる。もちろん標本抽出であるので，全国もしくはその地域の真の視聴率は測定されないが，統計的見地から，どの程度の範囲で予測できているかは評価することができる。

こうした比率の区間推定の場合は，サンプル比率からその分散を求める。事象が現れる（例えばテレビの視聴）比率が p であるようなベルヌーイ試行を n 回

行い，そのうち x 回が実際にその事象が出現した場合，推定される出現比率は $\hat{p} = x/n$ である。

ただし，出現回数 x は二項分布に従うため，その平均と分散は np, $np(1-p)$ となる。したがって，$\hat{p}$ の平均と分散はそれぞれ p, $p(1-p)/n$ となる。サンプルサイズが大きい場合，分散については p に代えて $\hat{p}$ を用いることができ，また，標準化された $\hat{p}$ は標準正規分布に従う。例えば信頼水準を 95% とすると，母比率の信頼区間は，

$$\hat{p} - 1.96\sqrt{\frac{\hat{p}(1-\hat{p})}{n}} \leq p \leq \hat{p} + 1.96\sqrt{\frac{\hat{p}(1-\hat{p})}{n}} \tag{4.27}$$

として得られる。なお，p の分散は $p = 0.5$ の時最大となり，$p = 0$ もしくは 1 の時に最小となる。なお，サンプルサイズが小さいときはいくつかの補正方法が提案されている。

(4.27) 式より，サンプルサイズを 4 倍にすると信頼区間が半減することが分かる。また，許容できる信頼区間から必要なサンプルサイズも計算することができる。例えば，想定される比率を 50% とし，信頼区間を 10% としたいときのサンプルサイズは，

$$0.05 = 1.96\sqrt{\frac{0.5 \times (1-0.5)}{n}}$$

を n について解き 385 人が必要と得られる。

ID 付き POS データ について，中カテゴリ「パン」の購買率，すなわち来客した顧客のうちどのくらいがパンカテゴリを購買するかについて区間推定を行う。集計の結果，全 6998 レシートのうち，パンカテゴリが含まれるレシートは 2241，すなわち 32.0% であった。ここから，パン購買比率の 95% 信頼区間は，

$$\left[\frac{2241}{6998} - 1.96\sqrt{\frac{2241/6998 \times (1-2241/6998)}{6998}},\right.$$
$$\left.\frac{2241}{6998} + 1.96\sqrt{\frac{2241/6998 \times (1-2241/6998)}{6998}}\right]$$
$$= [30.9\%, 33.1\%]$$

となる。

4.5.4 ● 母分散の区間推定

母集団の分散に関する区間推定は，χ^2 分布を使って行われる。

すでに述べたように，χ^2 分布は標準正規分布に従う確率変数の 2 乗の和が従

う分布である。得られたサンプルに対して χ^2 値を求めると。

$$\chi^2_{(n-1)} = \frac{\displaystyle\sum_{i=1}^{n}(x_i - \bar{x})^2}{\sigma^2} \tag{4.28}$$

となる。ただし，(4.28) 式の右辺にあるように，サンプルを用いる場合は母平均の代わりに標本平均を用いるため，自由度は $n-1$ となることに注意されたい。

(4.28) 式とサンプル $\{x_1, x_2, \cdots, x_n\}$ の不偏分散 $\hat{\sigma}^2$ を比較すると，

$$\sigma^2 \chi^2_{(n-1)} = (n-1)\hat{\sigma}^2 \tag{4.29}$$

となるため，母分散は，

$$\sigma^2 = \frac{(n-1)\hat{\sigma}^2}{\chi^2_{(n-1)}} \tag{4.30}$$

と，χ^2 値を含めて表される。χ^2 値が従う χ^2 分布について，これまでと同様に信頼水準を設ければ分布における下限値と上限値を得られる。この値により，母分散の上限と下限を計算できる。

例えば，$\boldsymbol{x} = \{5, 6, 8, 10, 11\}$ というサンプルについて，信頼水準を 95% とする場合，自由度 4 の χ^2 分布について上側と下側それぞれ 2.5% を除いて，上側確率 97.5% と 2.5% の値を求めると付表よりそれぞれ，0.484 と 11.143 が得られる。$\boldsymbol{x}$ の不偏分散は 6.5 であるため，母分散の 95% 信頼区間は，

$$2.33 = \frac{(5-1)\times 6.5}{11.143} \leq \sigma^2 \leq \frac{(5-1)\times 6.5}{0.484} = 53.72$$

として得られる。そして標準偏差 σ の 95% 信頼区間は $[1.526, 7, 329]$ となる。

4.6 統計的検定

統計的検定は複数の標本の背景にある母集団が同じであるかもしくは異なるのかを確率的に評価する方法である。

そのために，**帰無仮説**とそれを否定する**対立仮説**を設定し，サンプルから判断したい結論に関する統計量を求め，それが検定統計量の従う分布に関してどの位置にあるかということを基準に帰無仮説の採否を判断する。ここで用いる統計量を**検定統計量**という。このとき，区間推定同様，判断について許容できる確率を設定する。統計的検定においては判断の誤りを許す確率を設定し，これを**有**

意水準もしくは**有意確率**という。一般には有意水準は5%もしくは1%が用いられる。

統計的検定は一般に以下の手順により行われる。

1. 帰無仮説 H_0 と対立仮説 H_1，および有意水準を設定する。
2. サンプルにおける検定統計量を計算する。
3. 検定統計量の従う分布を指定する。
4. 設定された有意水準に対応する限界値と検定統計量を比較し，検定統計量が限界値の外側であれば，帰無仮説が棄却され対立仮説が受容される。そうでなければ帰無仮説が受容される。

帰無仮説は，その名の通り本来は無に帰したい，つまり棄却したい仮説といえる。例えば，あるプロモーション効果を分析したいとき，本来ならばプロモーション効果があるということを仮説に立て，それを積極的に検証したいと考えられる。しかし，その場合はプロモーション効果がどのくらいあったかをあらかじめ見積もった上で検証する必要がある。そこで，統計的検定では，「プロモーション前後には差はない」という，できれば棄却したい仮説を立てた上で，それを棄却できるかどうかという方法をとる。

帰無仮説に対しては対立仮説が設定され，帰無仮説が棄却されれば対立仮説が受容され，帰無仮説が棄却できなければ帰無仮説を受容せざるを得なくなる。

以下では，代表的な統計的検定について紹介する。なお，本書では平均値の検定ならびに平均値の差の検定については両側検定，つまり等しいか否かを検定する場合を中心して説明する。したがって，一方のサンプルの平均値がもう一方のサンプルの平均値より大きいかどうかを検定する片側検定については一部でしか触れない。仮説に対する検定の手順は同じであるので理解は難しくないが，詳しくは他書を参考いただきたい。

4.6.1 ● 平均値の検定

まず，一群のサンプル $\boldsymbol{x} = (x_1, x_2, \cdots, x_n)^\top$ の標本平均 $\bar{x}$ が母集団の平均値と等しいと考えてよいかに関する検定について説明する。このとき，帰無仮説 H_0 と対立仮説 H_1 は次のように設定される。

$$\begin{cases} H_0: & \bar{x} = \mu \\ H_1: & \bar{x} \neq \mu \end{cases} \tag{4.31}$$

もし，母集団の分散が既知であるならば，母集団の分散 σ^2 を用いて，

$$z = \frac{\bar{x} - \mu}{\sqrt{\dfrac{\sigma^2}{n}}} \tag{4.32}$$

というように，標本平均と母平均の差を標準化した値を検定統計量とする。この検定統計量は標準正規分布に従う。したがって，有意水準を 5% としたならば，$|z| \leq 1.96$ であれば帰無仮説は棄却されず，標本平均は母平均と差はないと判断され，逆に 1.96 を超えていれば帰無仮説は棄却され，標本平均と母平均は同じではないと判断される。

母分散が未知もしくはサンプルサイズが小さい場合は，上記の母分散の代わりに標本分散 $\hat{\sigma}^2$ を用いる。また，(4.32) 式と同様の方法で検定統計量を求めるが，標準正規分布ではなく t 分布に従う。すなわち，

$$t = \frac{\bar{x} - \mu}{\sqrt{\dfrac{\hat{\sigma}^2}{n}}} \tag{4.33}$$

は自由度 $n-1$ の t 分布に従うことから，限界値についても t 分布より求める。したがって，有意水準が 5% の場合は，限界値は $|t_{n-1}(0.025)|$ よりも外側の値になる。なお，この考え方は以降でも同様である。

平成 26 年の全国のスーパーマーケットの平均客単価は 1865.2 円であった[19)]。ID 付き POS データと比較して，このデータの店舗が全国平均と比較して平均客単価が同じといえるかどうかを評価したい。

前節でレシートごとの購買額の平均と分散を求めたが，それぞれ 1971.8 円，2343287円^2 であった。レシート枚数は 6998 枚である。

このとき検定統計量は，

$$\frac{1971.83 - 1865.2}{\sqrt{\dfrac{234328}{6998}}} = 5.827 \tag{4.34}$$

である。一方で自由度 6997 の t 分布において，有意水準 5% の限界値はサンプルサイズが大きいため，標準正規分布の場合とほぼ等しく ± 1.960 である。したがって，上記の検定統計量はこれを大きく上回るため帰無仮説は棄却され，ID 付き POS データの店舗の平均客単価は全国平均に等しいとはいえないと評価される。

4.6.2 ● 等分散性の検定

統計的検定では対象とする統計値のばらつきを元に，仮説の検証が行われる。

一群のサンプルであれば，そのサンプルに関する分散をもとに検定統計量を求めることができるが，二群のサンプルの場合，それぞれの分散をもとに評価しなければならない。

ところが，二群のサンプルの母集団の分散 σ_1^2, σ_2^2 が等しい場合とそうでない場合で，これら二つの母集団の平均値の差の統計検定量は異なる。このため，まず等分散の検定が必要になる。

分散が未知でサンプルサイズが十分（多くの場合は 30 以上が基準となる）ある場合，F 分布を使った等分散性の検定が行われる。

二群の母集団の分散が等しければ，それらの標本分散の比は 1 に近いことが期待される。逆に，二つの母集団の分散が等しくなければ，標本分散の比は 1 よりはるかに大きくなる。

等分散性の検定において，帰無仮説と対立仮説はそれぞれ，

$$\begin{cases} H_0: & \sigma_1^2 = \sigma_2^2 \\ H_1: & \sigma_1^2 \neq \sigma_2^2 \end{cases} \tag{4.35}$$

である。このとき検定統計量は，2 つの群の χ^2 値をそれぞれの自由度で割ったものの比で表される。したがって，F 値は次のように 2 つの標本の不偏分散の比で表される。

$$F = \frac{\chi_{\nu_1}^2/\nu_1}{\chi_{\nu_2}^2/\nu_2} = \frac{\hat{\sigma}_1^2}{\hat{\sigma}_2^2} \tag{4.36}$$

ただし，$\hat{\sigma}_2^2 \leq \hat{\sigma}_1^2$ であるとする。

上記の F を自由度 ν_1 と ν_2 の F 分布の限界値と比較することで，等分散と考えることができるかどうかを評価する。等分散性の検定においては F 値は必ず 1 以上になるため，有意水準 5% の場合は上側 5% の点が限界値となる。

4.6.3 ● 二群の平均値の差の検定

二つの正規母集団 X, Y を考える。母平均はそれぞれ μ_X, μ_Y，母分散は σ_X^2, σ_Y^2 とする。この母集団から無作為に抽出した標本 $x_1, x_2, \cdots, x_{n_X}$ および $y_1, y_2, \cdots, y_{n_Y}$ とする。このとき，それぞれの標本平均 $\bar{x}, \bar{y}$ は正規分布に従い，

$$\bar{x} \sim N\left(\mu_X, \frac{\sigma_X^2}{n_X}\right), \qquad \bar{y} \sim N\left(\mu_Y, \frac{\sigma_Y^2}{n_Y}\right) \tag{4.37}$$

となる。

なお，平均値の差の検定を行う場合，

1. 比較するのは金額や顧客の人数のような絶対的な値か，もしくは視聴率や

支持率のような比率か
2. 母分散は既知かそれとも未知か
3. 比較する二群は対応関係にあるかそれともないか
4. サンプルサイズは十分にあるか

といった場合により方法が異なる。

なお，二群の平均値の差の検定においては，帰無仮説 H_0 と対立仮説 H_1 を以下のように考える。

$$\begin{cases} H_0: & \mu_X = \mu_Y \\ H_1: & \mu_X \neq \mu_Y \end{cases} \tag{4.38}$$

とする。

もしも母集団の分散が既知の場合は，次節で紹介する標準正規分布による検定を行えばよい。しかし，多くの場合は，取得しているサンプルのみから母集団についての検定をする必要があり，当然母集団の分散は分からない場合が一般であり，その場合は t 分布を用いた検定を行う。また，サンプルサイズが小さい場合は，そもそも統計分布に従うと仮定することが困難である場合もある。こうした場合は，分布を仮定しない検定（これを**ノン・パラメトリック検定**という）によって判断することになる。

母分散が分からない場合に二群の平均値の差を検定するときに用いる方法について図 4.8 にまとめる。以下に t 分布を利用する方法について述べ，その後 t 分布を利用しない方法についてまとめる。

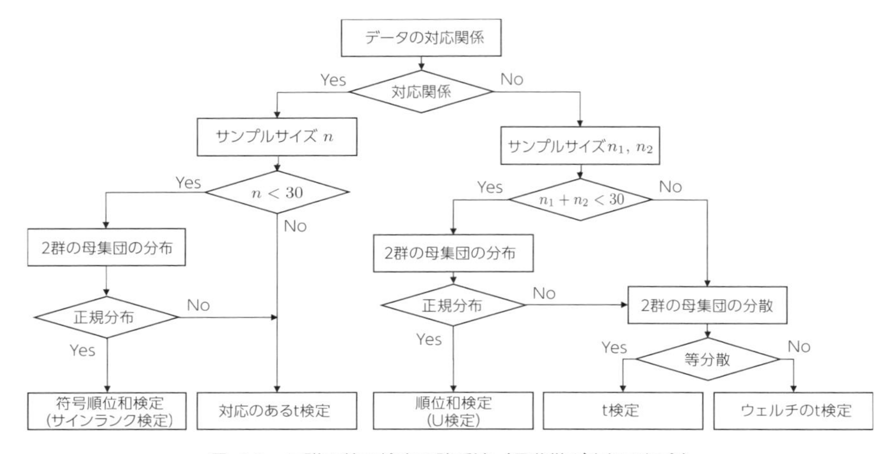

図 4.8　二群の差の検定の諸手法（母分散が未知の場合）

対応関係があり母分散が未知の場合

マーケティング施策を実施した場合の効果を捕捉可能なターゲットにおいて，マーケティング施策実施前後の購買状況変化を評価することを考える。この場合，施策前後の購買行動を測定し，その差が統計的に有意であるかないかについて評価すればよい。

施策前のデータを $\boldsymbol{x}_1 = (x_{11}, x_{21}, \cdots, x_{n1})^\top$，施策後のデータを $\boldsymbol{x}_2 = (x_{12}, x_{22}, \cdots, x_{n2})^\top$ として，各ケースの差を，

$$d_i = x_{i2} - x_{i1}, \quad i = 1, 2, \cdots, n \tag{4.39}$$

とする。このとき，これら二群の差の検定統計量は，

$$\text{検定統計量} = \frac{\bar{d}}{\sqrt{\dfrac{\hat{\sigma}_{\bar{d}}^2}{n}}} \tag{4.40}$$

となる。ただし，$\bar{d}$ と $\hat{\sigma}_{\bar{d}}^2$ は (4.39) 式の各ケースの差の平均値および不偏分散である。

このとき，(4.40) 式は自由度 $n-1$ の t 分布に従う。差があるかどうかのみを検定する場合は両側での検定を行い，もしも前後のデータで後のデータが前のデータよりも大きいことを検定したい場合は片側のみで検定を行う。その場合，上側確率 5% の t 値と求められた検定統計量を比較すればよい。

表 4.2 は，ある小売店で顧客にダイレクトメール (DM) を送付する前後それぞれ一カ月間の購買金額を集計したものである。このデータから，DM 送付前後で購買金額に変化があったかどうかについて検証したい。

表 4.2 DM の効果（単位：円）

顧客番号	DM 以前	DM 以後	顧客番号	DM 以前	DM 以後
1	15000	18000	6	16000	15000
2	13500	13000	7	14500	16500
3	14500	17500	8	15500	16500
4	15000	15500	9	16000	15500
5	14000	15000	10	15000	18000

顧客ごとの DM 送付前後の購買金額の差の平均と分散はそれぞれ，1150.0, 239166 である。ここから検定統計量，

$$t = \frac{1150.0}{\sqrt{231966/9}} = 7.163 \tag{4.41}$$

を得る。自由度 9 の t 分布の両側 5% の限界値は ±2.262 であり，上記の検定統計量はその外側にあるため，DM 送付前後で購買金額に差があったといえる。

ただし，この場合は両側検定，すなわち平均値の変化が上下いずれかにあるかどうかを検定しているため，DM によって購買金額が上がったかどうかについて検証しているわけではないことに注意が必要である。もしも，購買金額が上がったかどうかを検定する場合には片側検定つまり上側 5% を限界値として比較する。自由度 9 の t 分布の上側 5% の値は 1.833 であるため，DM 送付によって購買金額が増加したということができる。

対応関係がなく母分散が既知の場合

母集団の分散が既知である場合は，標準正規分布を用いて検定を行うことができる。二つの標本平均の差について，平均が 0，分散が 1 になるように標準化を行う。すなわち，

$$z_{\bar{x}_1-\bar{x}_2} = \frac{\bar{x}_1 - \bar{x}_2}{\sigma_{\bar{x}_1-\bar{x}_2}} \tag{4.42}$$

である。ただし，分母は母分散を σ^2，サンプルサイズを n_1, n_2 としたとき，

$$\sigma_{\bar{x}_1-\bar{x}_2} = \sqrt{\sigma^2\left(\frac{1}{n_1} + \frac{1}{n_2}\right)} \tag{4.43}$$

となる。そして，(4.42) 式が検定統計量となり，有意水準 5% の場合は，この値の絶対値が 1.96 より大きければ帰無仮説が棄却され，二つの母集団の平均に差があると判定される。

対応関係がなく母分散が未知で等分散である場合

前節の検定統計量は母分散が既知の場合の方法である。実際には，母分散があらかじめ分かっているとは考えにくい場合が多い。こうした時は，母分散の代わりにサンプルの不偏分散 $\hat{\sigma}^2$ を利用し，標準正規分布の代わりに t 分布と比較する。

ただし，母平均が等しいという帰無仮説が正しい場合でも，サンプルの不偏分散は一致しない。そこで，平均値の不偏分散としては，各自由度で重みづけした平均を用いる。すなわち，

$$\hat{\sigma}^2 = \frac{(n_1 - 1)\hat{\sigma}_1^2 + (n_2 - 1)\hat{\sigma}_2^2}{(n_1 - 1) + (n_2 - 1)} \tag{4.44}$$

を用いて，前節と同様の標準化変換を行う。したがって，この場合の統計検定量は，

$$t_{\bar{x}_1-\bar{x}_2} = \frac{\bar{x}_1 - \bar{x}_2}{\sqrt{\hat{\sigma}^2\left(\dfrac{1}{n_1}+\dfrac{1}{n_2}\right)}} \quad (4.45)$$

となる。そして，この統計検定量を自由度 $n_1 + n_2 - 2$ の t 分布を用いて検定する。例えば，$n_1 = 10$, $n_2 = 5$ である場合に，有意水準 5% で検定する場合は，自由度が $10 + 5 - 2 = 13$ の t 分布の 0.025 の値は付録の表から 2.1604 となる。したがって得られた検定統計量について，$|t_{\bar{x}_1-\bar{x}_2}| > 2.1604$ であれば，帰無仮説が棄却され母平均は等しくないと判定される。

対応関係がなく分散未知で等分散でない場合

母分散の検定によって，2 つの群の分散が等しくないとされた場合は，(4.45) 式の代わりに，

$$t'_{\bar{x}_1-\bar{x}_2} = \frac{\bar{x}_1 - \bar{x}_2}{\sqrt{\dfrac{\hat{\sigma}_1^2}{n_1}+\dfrac{\hat{\sigma}_2^2}{n_2}}} \quad (4.46)$$

を検定統計量として使う。厳密には $t'_{\bar{x}_1-\bar{x}_2}$ は t 分布には従わないが，自由度が次の式で表される t 分布に近似的に従うことが知られている。

$$\text{自由度} = \frac{\left(\dfrac{\hat{\sigma}_1^2}{n_1}+\dfrac{\hat{\sigma}_2^2}{n_2}\right)}{\dfrac{\hat{\sigma}_1^4}{n_1^2(n_1-1)}+\dfrac{\hat{\sigma}_2^4}{n_2^2(n_2-1)}} \quad (4.47)$$

一般には (4.47) 式は整数にならず，t 分布表を用いることはできないが，値は計算できるため，等分散の場合と同様の検定手順が可能である。なお，この方法を**ウェルチの t 検定**と呼ぶ。

ID 付き POS データにおいて，顧客の多い，30 代と 40 代の平均購買金額を比較する。データから，30 代と 40 代について基本統計量を求めると表 4.3 のようになる。

表 4.3　年代別基本統計量

	40 代	50 代
平均	12684	16455
分散	176565967	370836137
ケース数	250	167

ここで二群の差の検定の前に，等分散性の検定を行う。検定統計量である F 比は，

$$F = \frac{370836137}{176565967} = 2.100$$

となる。自由度が 249 と 166 の F 分布の上側 5% の値は 1.267 であるため，30 代と 40 代の分散は有意水準 5% で差があると判定される。したがって，等分散性を仮定しない場合の (4.46) 式より，検定統計量は，$t' = -2.204$ となる。この問題の場合は (4.47) 式より自由度が 270 の t 分布を用いればよいので，このとき有意水準 5% の場合は ± 1.969 より外側に t' があれば二群の平均値は等しいという帰無仮説を棄却ができる。したがって，この問題の場合は 30 代と 40 代の平均購買金額には差があると結論づけられる。

4.6.4 ● ノン・パラメトリック検定

ノン・パラメトリック検定は，母集団について特定の分布を仮定せずに行う検定の総称である。

平均値の差の検定の場合，サンプルサイズが小さいときは，個々のデータの値が平均値に大きく影響を与えてしまう。また，データが正規分布に従うとは到底考えられないような場合，前節の t 検定を行うことが妥当ではない。

その場合は，値そのものの大きさではなく，2 つの群のデータを大きさの順序に並べ，各群のデータにおける順位の情報から，2 つの群が同じ分布と考えてよいかを評価する。したがって，帰無仮説と対立仮説は，2 つの群の分布が同じとみなせるか否かであり，

$$\begin{cases} H_0: & 2\text{ つの群の分布に差はない} \\ H_1: & 2\text{ つの群の分布に差がある} \end{cases}$$

となる。

対応のあるサンプルの場合は，**ウィルコクソンの符号順位和検定（サインランク検定）**が用いられる。例えば，二つの商品に関する満足度調査をしたときに，それら二つの商品の評価が同じであるかどうかについて評価しようといった場合

に用いられる。

符号順位和検定では，対応関係がある 2 つの群のデータ $\{x_{11}, x_{21}, \cdots x_{n1}; x_{12}, x_{22}, \cdots x_{n2}\}$ について各ケースの差を求める。2 つの群におけるケース i の値の差 $d_i = x_{i1} - x_{i2}$ を求める。次に d_i の絶対値 $|d_i|$ の小さい順に順位を付与する。そして，d_i の符号に分けて付与した順位の合計を求める。そのうち小さい方を S とする。

サンプルサイズが小さい時の場合は，S を付録の表の値と照らし合わせて，小さければ帰無仮説は棄却される。なお付表ではサンプルサイズが 25 までをまとめた。

また，サンプルサイズが大きい場合は，検定統計量として，

$$Z = \frac{S - \dfrac{n(n+1)}{4}}{\sqrt{\dfrac{n(n+1)(2n+1)}{24}}} \tag{4.48}$$

が与えられる。なお，分子の $n(n+1)/4$ と分母の $n(n+1)(2n+1)/24$ はそれぞれ，順位和の平均と分散である。Z は標準正規分布に従い，有意水準 5% の時は $|Z| \leq 1.96$ であれば，帰無仮説が棄却されず，2 つの群の分布は等しいと判定される。

また，対応のないサンプルの場合は**ウィルコクソンの順位和検定（U 検定）**が用いられる。

順位和検定では，2 つの群のサンプルを併せて値の大きさの順に順位を付ける。そして，サンプルサイズが小さい群についてその順位の和を求める。2 つの群のサンプルサイズを n_1, n_2 とし，$n_1 \leq n_2$ とする。サイズが n_1 の群に属するサンプルの順位をそれぞれ $r_{11}, r_{12}, \cdots, r_{1,n_1}$ としたとき，順位和検定の検定統計量は，

$$T = \sum_{i=1}^{n_1} r_{1i} \tag{4.49}$$

となる。もしも，2 つの群のデータの値が全体に大きく離れていれば，T は極端に小さくなる，もしくは大きくなる。統計検定量に対する限界値については付録を参照されたい。

ノン・パラメトリック検定は，母集団の分布に関わらず検定が行えるという長所がある反面，検出力は低くなるという欠点もある。

4.6.5 ● 比率の検定

ある商品を購買したことがあるもしくはないといった二者択一の事象に関する問題を考える。そして，事象の発生する確率に関する検定をしたい。母集団において，ある事象の起こるもしくはある項目に当てはまる割合 p をその事象もしくは項目の当てはまりに対する**母比率**という。この母比率に関する仮説を，サンプルから検定することを考える。すなわち，ある既知の p_0（ただし $0 \leq p_0 \leq 1$）に対して，

$$\begin{cases} H_0: & p = p_0 \\ H_1: & p \neq p_0 \end{cases} \tag{4.50}$$

として検定を行う。母比率 p であるような母集団から大きさ n のサンプル $X_1, X_2, \cdots, X_n$ を抽出する。それぞれのケースについて，事象が発生した場合を 1，そうでない場合を 0 とする。このとき，$X = \sum_i X_i$ は二項分布，

$$X \sim B(n, p) \tag{4.51}$$

に従う。そして，n が十分大きい時は X は正規分布 $N(np, np(1-p))$ に従う。

したがって，標本平均 $\hat{p} = X/n$ は近似的に $N(p, p(1-p)/n)$ に従うことになる。そこで標準化した，

$$Z = \frac{\hat{p} - p}{\sqrt{\dfrac{p(1-p)}{n}}} \tag{4.52}$$

が標準正規分布に従うことから，$-1.96 \leq Z \leq 1.96$ の場合は帰無仮説 H_0 が受容され，そうでない場合は帰無仮説は棄却され，対立仮説 H_1 が受容される。

4.6.6 ● 相関の検定

二変量間に相関があるかないかに関する検定についても t 分布を用いて行うことができる。サンプルサイズ n の標本において，変数 x と y の相関係数を r_{xy} とする。このとき，母集団の相関係数 r_{xy} に関する帰無仮説 H_0 と対立仮説 H_1 はそれぞれ，

$$\begin{cases} H_0: & r_{xy} = 0 \\ H_1: & r_{xy} \neq 0 \end{cases} \tag{4.53}$$

となる。相関関係の検定おいては統計検定量を，

$$t = \frac{r_{xy}\sqrt{n-2}}{\sqrt{1 - r_{xy}^2}} \tag{4.54}$$

とする。この検定統計量を求める際に，x, y それぞれの標本平均を基準としていることから，自由度 $n-2$ の t 分布に従う。そしてこれまでと同様，自由度 $t-2$ の限界値と上記の検定統計量を比較し，検定統計量の絶対値が限界値の絶対値よりも大きければ，帰無仮説は棄却され，変数 x と y の間には相関関係があると認められる。ただし，あくまで相関関係が「ない」ことを否定しているに過ぎず，散布図などで確認しても明らかな関係が認めづらいこともあるので注意が必要である。

4.6.7 ● 適合度検定

例えば年代や性別のように，ある基準で母集団を分けられるとき，それぞれのセグメントに対して母集団の要素が含まれる構成比率が求められる。これに対して，サンプルの構成比率が等しいと考えてよいかどうかを評価する検定が**適合度検定**である。

表 4.4 母集団とサンプルの構成比率

セグメント	1	2	$\cdots$	i	$\cdots$	m
母集団	r_1	r_2	$\cdots$	r_i	$\cdots$	r_m
サンプル	s_1	s_2	$\cdots$	s_i	$\cdots$	s_m

適合度検定では，サンプルの各セグメントの観測値と，母集団から得られるサンプルの期待値の差の 2 乗を母集団から得られるサンプルの期待値で標準化した変量を計算し，その合計を検定統計量として求める。すなわち，サンプルサイズを n，各項のケース数を n_i，（すなわち $\sum_i n_i = n$）とすると，

$$\chi^2 = \sum_{i=1}^{m} \frac{\{(s_i - r_i)n\}^2}{r_i \times n} = \sum_{i=1}^{m} \frac{(n_i - r_i \times n)^2}{r_i \times n} \tag{4.55}$$

を得る。この統計検定量の各項は標準正規分布の 2 乗に従い，統計検定量は χ^2 分布に従う。なお，構成比率の合計は 1 であるため，セグメント数から 1 を引いた値が自由度となる。したがって，この検定統計量の自由度は $m-1$ となる。

なお，帰無仮説と対立仮説は以下のとおりである。

$$\begin{cases} H_0: \text{各セグメントの母集団の構成比率と} \\ \quad\ \ \text{サンプルの構成比率は等しい} \\ H_1: \text{各セグメントの母集団の構成比率と} \\ \quad\ \ \text{サンプルの構成比率は等しくない} \end{cases}$$

表 4.5 は，ID 付き POS データの「畜産」大カテゴリの中カテゴリのうち三種の食肉について全体の購買個数と 70 代の購買個数を集計したものである。

表 4.5　畜産カテゴリの購買状況

	ブランド牛	ブランド鶏	ブランド豚	国産牛	国産鶏	国産豚	輸入牛	輸入鶏	輸入豚	合計
全顧客	32	172	346	83	227	172	112	39	183	1366
70 代	11	41	93	35	40	29	27	10	37	323

適合度検定により，70 代の食肉の買い方が，全体と比較して同じかどうかを検定する。検定統計量は次のようにして求められる。

$$\frac{(11-(32/1366)\times 323)^2}{(32/1366)\times 323}+\frac{(35-(83/1366)\times 323)^2}{(83/1366)\times 323}+\cdots$$
$$+\frac{(37-(183/1366)\times 323)^2}{(183/1366)\times 323}=22.951$$

有意水準を 5% として，自由度 8 の χ^2 分布の限界値を求めると 15.507 であるので，上記の検定統計量はこの値より大きいため，70 代の食肉の購買状況は，全体の購買状況とは異なると評価できる。

4.6.8 ● 独立性の検定

例えば，いくつのブランド中でどのブランドが好きかというアンケートにおいて，ブランドの支持率が年代によって差があるかどうかを検定するものを**独立性の検定**という。独立性の検定では次のような分割表（クロス集計表）について考える。なお，n_{ij} は各項目のサンプルの出現頻度，$n_{i\cdot}, n_{\cdot j}, n$ はそれぞれ各行，各列の合計頻度ならびにサンプルサイズである。

表 4.6　分割表

	1	2	$\cdots$	j	$\cdots$	r	合計
1	n_{11}	n_{12}	$\cdots$	n_{1j}	$\cdots$	n_{1r}	$n_{1\cdot}$
2	n_{21}	n_{22}	$\cdots$	n_{2j}	$\cdots$	n_{2r}	$n_{2\cdot}$
$\vdots$	$\vdots$	$\vdots$	$\ddots$	$\vdots$	$\ddots$	$\vdots$	$\vdots$
i	n_{i1}	n_{i2}	$\cdots$	n_{ij}	$\cdots$	n_{ir}	$n_{i\cdot}$
$\vdots$	$\vdots$	$\vdots$	$\ddots$	$\vdots$	$\ddots$	$\vdots$	$\vdots$
c	n_{c1}	n_{c2}	$\cdots$	n_{cj}	$\cdots$	n_{cr}	$n_{c\cdot}$
合計	$n_{\cdot 1}$	$n_{\cdot 2}$	$\cdots$	$n_{\cdot j}$	$\cdots$	$n_{\cdot r}$	n

このとき，もしも各列と各行の項目に関係ないならば，各項目の期待値は全体の頻度に対して各行，各列の出現比率を掛け合わせた頻度となるはずである。ここで，観測された頻度とその期待値の差異を期待値で割った量を期待値からの標準化されたズレとし，その和を検定統計量とする。すなわち検定統計量は，

$$\chi^2 = \sum_{i=1}^{c} \sum_{j=1}^{r} \left\{ n_{ij} - \frac{n_{i\cdot} n_{\cdot j}}{n} \right\}^2 \tag{4.56}$$

となる。それぞれのズレは標準正規分布の2乗に従う。各行と各列の構成比率の和は1になることから，行と列についてぞれぞれ1を引いたものがその自由度となる。したがって，(4.56) 式は自由度 $(c-1) \times (r-1)$ の χ^2 分布に従う。

なお，帰無仮説と対立仮説は以下のとおりである。

$$\begin{cases} H_0 : 2\text{つの項目は独立である} \\ H_1 : 2\text{つの項目は独立ではない} \end{cases} \tag{4.57}$$

表 4.7 は，ID付きPOSデータを年代別大カテゴリ別の購買点数の集計表である（ただし 10 代および 90 代以上は除いた）。この表から，年代ごとに購買するカテゴリに違いがあるかを検定する。

この表から χ^2 値は 1846.3 と求められる。自由度は $(7-1) \times (10-1) = 54$ であり，このとき，$\chi^2_{54}(0.05) = 72.15$ であるので，有意水準 5% で独立ではないと判定される。すなわち，年代によって購買傾向に差があると判断される。

表 4.7　年代別購買集計

年代＼大カテゴリ	農産	水産	畜産	穀物類	惣菜	即席食品	加工食品	菓子	飲料	酒類
20 代	292	49	128	111	176	70	184	175	199	36
30 代	1188	291	512	467	722	308	855	962	732	220
40 代	3456	960	1763	1820	2420	1030	2673	2416	2270	676
50 代	2881	936	1290	1164	2523	895	2164	1905	1859	479
60 代	3294	896	1030	798	1470	419	1902	1055	1026	338
70 代	1859	764	620	370	1289	321	1353	607	671	87
80 代	398	107	67	116	246	117	283	228	194	27

4.7 過誤と検出力

これまで紹介したように，統計的検定において，検定統計量をあらかじめ設定された有意水準に対する限界値を比較することで，帰無仮説を棄却するか否かを判断する。反面，この有意水準の確率で棄却された帰無仮説が実は受容すべきものであったという間違った判断がなされることを許している。また逆に，対立仮説が受容されるという結論が得られたにも関わらず，実はそれが間違っていたという可能性もある。

統計的検定においてはこれらをそれぞれ**第一種の過誤**，**第二種の過誤**と呼ぶ。また，第一種の過誤を「あわてものの誤り」，第二種の過誤を「ぼんやりものの誤り」ともいう。

これらの関係を表 4.8 と図 4.9 のようになる。図のグレー部分の確率が第一種の過誤，すなわち有意水準であり，縦線の部分が第二種の過誤であり，それぞれの確率は α, β とする。$1-\alpha$ は帰無仮説を正しく支持する確率であり**信頼率**と呼ばれる。また $1-\beta$ は対立仮説を正しく支持する確率であり**検出力**と呼ばれる。

第一種の過誤は検定を行う時に制御することができるが，図を見て分かるように，有意水準を小さくすると第二種の過誤の確率が増加し，検出力が小さくなる。

表 4.8　第一種の過誤と第二種の過誤

検定＼真実	帰無仮説が正しい	対立仮説が正しい
帰無仮説を棄却しない	$1-\alpha$ （信頼率）	β （第二種の過誤）
帰無仮説を棄却する	α （第一種の過誤）	$1-\beta$ （検出力）

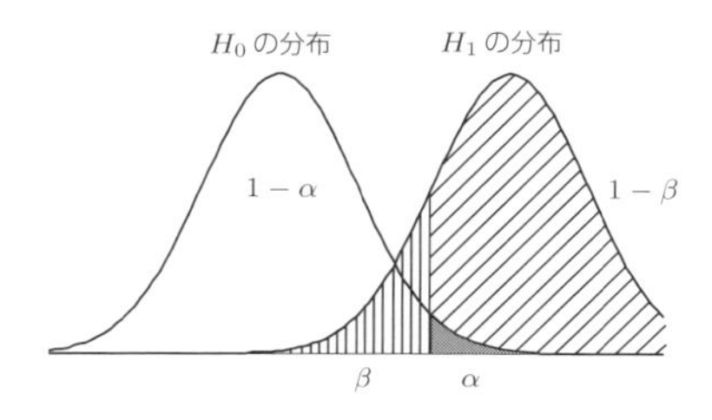

図 4.9　第一種の過誤と第二種の過誤の関係

第5章

売り場の評価

「前章までは一般的な統計分析手法について紹介してきたが，本章からはモデル分析や大規模データ分析といった一歩進めた分析手法について紹介していく。それとともに，マーケティング活動やその効果の測定，意思決定に関して，具体的な各手法について説明する。まず，本章では売り場や売り場で行われているマーケティング活動をどのように評価すべきかについて論じていく。本章以降の分析手法については，あくまで分析の軸を売上や顧客に焦点を当てた例であるので，他の分析対象や目的に対しても適用可能なものが多い。分析手法の中身を理解した上で，適切な使い方をして欲しい。」

5.1 集計による売上の評価

店舗の売上の分析の第一歩は第 3 章でも説明した集計分析である。例えば日々の売上高を比較したり，値引きによる客単価，平均購買個数の違いを求めたりといった傾向や種々の変動について可視化する。こうした分析をするためには，POS データなどの売上履歴をある基準で集計することになる。データベースで蓄積されたデータを集計するために，データベースからデータを抽出した**データ・ウェアハウス**を作り，それをもとに集計する。集計のため機能は **OLAP** (Online Analytical Processing) と呼ばれ，多次元データ分析とも呼ばれることがある。

OLAP では，集計項目と集計方法を定めればデータベースから該当するデータを抽出し，自動的に集計結果を表示することができる。したがって，第 3 章で説明したようなデータ集計表を OLAP 機能によって作成することができる。

また，週ごとの集計を日別に分解したり，逆に時間別の集計を日別に集約したりすることも行われる。さらに，第 2 章で説明したように，小売店における商品管理は，いくつかの集計レベルを持つカテゴリという管理単位で区分されており，例えば「畜産」で一度集計したのちにそのうちの「豚肉」のみを取り出して表示するといったことも行われる。

このように，OLAP では「集計の軸や深さを変える」「項目を限定して表示する」というように，複数の視点からデータを集計することによって，一つの見方では発見できない様々な知見を得ることができる。

OLAP はキューブを回すもしくはその一部を切り取るようなイメージで，様々な角度から集計する。例えば販売分析なら「店舗」「カテゴリ」「期間」「売上金額」といった項目を組み合わせることで，情報のキューブを作る。そして，そのキューブを転がすかのごとく，項目を変更して集計したり，さらに条件を指定して必要な部分の結果を抽出すること（スライシング）もできる。

OLAP ではこうした様々な角度からの集計分析のために，次のような機能を備えている。

ダイシング　集計項目を入れ替えて異なる角度から集計する機能

スライシング　多次元の集計表から特定の次元（多くは 2 次元）のみによって表示する機能

ドリルダウン　集計の粒度を細かくする機能。例えば「月」ごとの集計を

「週」や「曜日」ごと分けて表示するといった機能

ドリルアップ ドリルダウンとは逆に，集計項目をまとめて全体像を把握しようとする機能

ドリルスルー 集計表の中で注目したいセルについて，さらに詳細に分析するために，該当する元データを取り出して表示する機能

これらを図示したものが図 5.1 である。

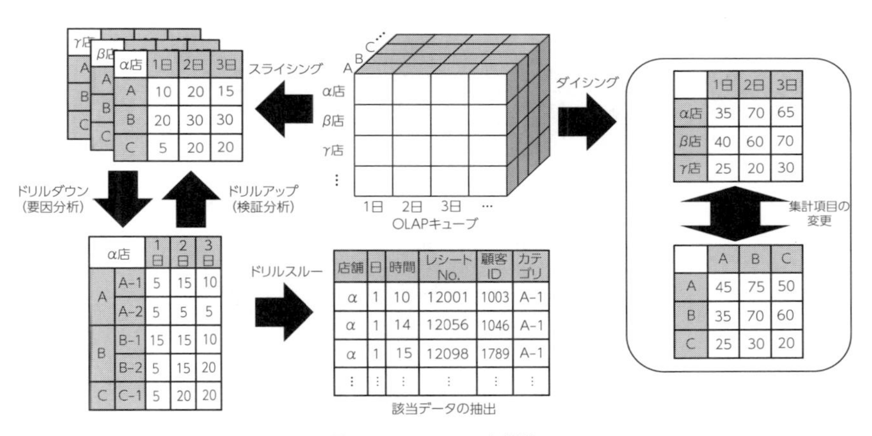

図 5.1 OLAP の各機能

ドリルダウンによって，ある項目についてさらに細かく分類することにより，例えば売上の変化がどんな理由で起こっているのかを把握することができる。逆に，ドリルアップによって細かな分類を合算することで全体像を全体を俯瞰することができる。このように，ドリルダウンは要因を分析するため，またドリルアップは全体を検証する目的で行われることも多い。

表 5.1 は ID 付き POS データ の最初の 1 週間について大カテゴリの販売個数を日別に集計したデータである。

この表から各カテゴリについて (3.11) 式に従い変動係数を計算すると，表 5.2 のようになる。

販売点数が極端に少ない「その他」カテゴリを除くと「即席食品」の変動係数が大きいことから，即席食品についてさらに中カテゴリにドリルダウンしてその原因について探ることにする。この結果が表 5.3 であり，即席麺と即席汁物の売

表 5.1　日別・大カテゴリ名別販売個数

大カテゴリ	1日	2日	3日	4日	5日	6日	7日	合計
農産	732	517	657	512	392	357	640	3807
水産	160	141	259	203	103	113	183	1162
畜産	216	218	315	240	199	176	271	1635
乾物類	24	30	28	23	17	9	25	156
穀物類	211	167	252	236	162	164	229	1421
加工食品	396	402	440	433	318	314	370	2673
即席食品	75	73	121	182	64	78	317	910
惣菜	316	317	419	426	295	412	386	2571
菓子	477	225	315	288	216	150	265	1936
飲料	323	298	300	267	210	190	263	1851
酒類	101	109	64	89	51	65	69	548
その他	1	0	3	1	0	0	0	5
合計	3032	2497	3173	2900	2027	2028	3018	18675

表 5.2　大カテゴリの変動係数

大カテゴリ	変動係数	大カテゴリ	変動係数
農産	2.135	即席食品	2.221
水産	2.143	惣菜	2.126
畜産	2.129	菓子	2.149
乾物類	2.142	飲料	2.128
穀物類	2.128	酒類	2.137
加工食品	2.125	その他	2.565

表 5.3　即席食品のドリルダウン

中カテゴリ	1日	2日	3日	4日	5日	6日	7日	合計
その他即席食品	4	0	0	0	1	2	1	8
レトルト惣菜	29	30	40	17	15	25	32	188
レトルト米飯	2	5	4	6	6	3	4	30
即席汁物	7	6	21	14	6	9	7	70
即席麺	15	11	25	55	12	15	38	171
冷凍食品	10	10	12	70	14	18	211	345
合計	67	62	102	162	54	72	293	812

上の変動がそれ以外のカテゴリと大きく違っていることが分かる。ここからさらに価格やインストア・プロモーションとの関係を探るなどして，変動の要因またその大きさについて分析するといったことが考えられる。

5.2 売り場の計数管理

前節では，集計を通して売上の評価を行ったが，売上は顧客がどのくらい購買してくれたかで決まる。そこで，売上を購買の諸相に分解することによって，どういった要因で売上が変動するかについて把握できる。そして，どのような対策を打てばよいのかについての情報を得ることができる。以下では，売り場に関するさまざまな指標を紹介する。

5.2.1 ● 売上の因数分解

売上の日々の変動や，長期的なトレンドの変化がどのような理由で起こるのか，その原因を特定することは売り場管理において大変重要となる。そのために売上を構成する各要素についてその値や変化がどのようになっているかを把握する必要がある。

小売店の視点からは小売店全体の売上をその要素に分解することを考える。まず，売上は顧客数と平均購買単価の積として計算できる。売上は以下のように分解できる（なお，以下は，（公財）流通経済研究所（編）「店頭マーケティングのための POS・ID-POS データ分析」[21]をもとにした）。

$$\text{売上} = \text{ユニーク顧客数} \times \text{顧客単価} \tag{5.1}$$

また，顧客単価以下は以下のように分解できる。

$$\text{顧客単価} = \text{来店回数} \times 1\,\text{回あたり顧客単価} \tag{5.2}$$

$$1\,\text{回あたり顧客単価} = \text{買上点数} \times \text{買上商品単価} \tag{5.3}$$

ユニーク顧客とは，ポイント・カードなどで識別できる個々の顧客であり，期間内に何回来ても同じ顧客であれば 1 人と数える。

さらに顧客単価を分解し，日々の売上の変動がこれらのどの要素に起因するのかを把握することができる。そうした観察を通じてどこに経営上の課題があるのかを抽出したり，問題解決の方策立案に役立てることができる。

これらの関係を図示したものが図 5.2 である。

また，メーカー視点では自社の商品の売上がどのような要素から得られているかを考え，その要素に分けるように因数分解する。すなわち以下のように分解できる。

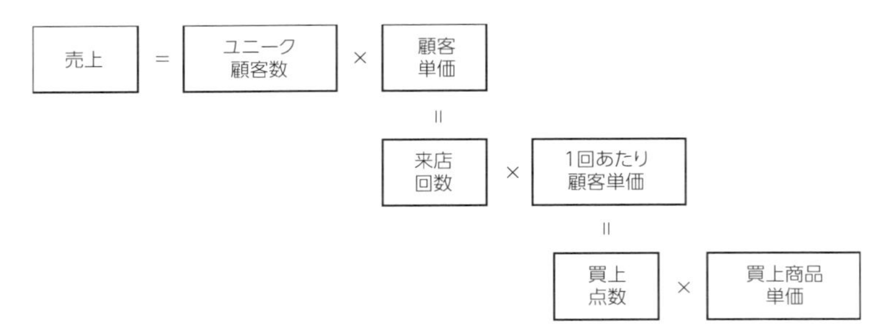

図 5.2　売上の因数分解（小売店）

$$売上 = 購買人数 \times 1 人あたり購買数量 \times 売価 \tag{5.4}$$

$$1 人あたり購買数量 = 購買頻度 \times 1 回あたり購買数量 \tag{5.5}$$

また，購買人数は来店者数に買入率を掛け合わせても求めることができる。これらを図 5.3 にまとめる。

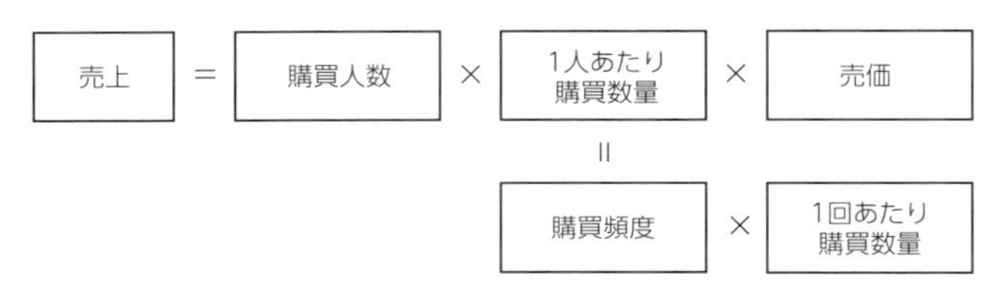

図 5.3　売上の因数分解（メーカー）

以上のように，メーカーの視点としては，店舗においてどれだけ自社の製品をかごに入れてもらえるか，またリピート購買や一回当たりの購買数量がどれだけあるかといった変数の動きなどから，売上の変動要因を評価することができる。

表 5.4 は ID付き POS データ について，前半 15 日（1〜15 日）と後半 15 日（16〜30 日）に期間を分割して，それぞれ売上を分解したものである。曜日の構成が異なるなどの外的理由もあるかもしれないが，前半に比べて後半の売上が若干下がっている。その原因を見ると，ユニーク顧客の数はほとんど変わらず，来店頻度はわずかではあるが上昇しているものの，1 回あたりの購買金額が下がっている。また，この原因については買上点数，商品単価とも下がっており，前半期間に比べて後半期間は購買機会あたりの購買訴求力が弱かったといえる。

表 5.4 売上の因数分解

	1〜15 日	16〜30 日	変化率
売上（円）	6953035	6845840	−1.5%
ユニークユーザ（人）	877	871	−0.7%
1 人あたり購買金額（円）	7928.2	7859.7	−0.9%
来店頻度（回）	3.96	4.05	2.4%
1 回あたり客単価（円）	2003.8	1940.4	−3.2%
買上点数（点）	11.96	11.38	−4.8%
買上商品単価（円）	167.6	170.5	1.8%

5.2.2 ● PI 値

販売状況を評価する指数として，**PI** (purchase index) **値**がある。PI 値は一購買機会あたりどのくらいその商品を購買しているかを表した指標であり，代表的なものに**点数 PI 値**と**金額 PI 値**がある。それぞれは次のように求められる。

$$\text{点数 PI 値} = \frac{\text{当該商品の総購買点数}}{\text{顧客数}} \times 1000 \tag{5.6}$$

$$\text{金額 PI 値} = \frac{\text{当該商品の総購買金額}}{\text{顧客数}} \times 1000 \tag{5.7}$$

これらの式で 1000 を乗じているのは，数値が小さくなり評価しづらくなるからである。金額 PI 値は数量 PI 値とその商品の平均単価の積として表すこともできる。

点数 PI 値は，顧客全体が広く購買している商品，すなわち頻繁に購買される商品を表す。これに対して金額 PI 値は，売上の構成比率の高さを示しており，売上高に対するインパクトの大きさを示している。商品単価が高い商品の場合は点数 PI 値が低くても金額 PI 値が高くなる傾向にある。逆に，単価が安い商品は金額 PI 値の割に点数 PI 値が高い場合もあり得る。

店舗においては，売上もさることながら，顧客に広く支持される商品も欠品することなく配架することが重要であり，これらの指標を取り扱う商品の選択に対する情報として利用することなどが考えられる。

ただし，PI 値は季節やイベントによっても大きく異なるし，農産や水産カテゴリでは商品ごとに旬もあるため，観測期間をどのように設定するかによっても PI 値は異なるので，PI 値の時間変化に注目することも必要となろう。

表 5.5 は，ID 付き POS データ においてその他カテゴリを除いたときの点数 PI 値および金額 PI 値それぞれに関する上記 20 カテゴリをまとめたものである。

いずれも惣菜カテゴリが多くみられる他，点数PI値においては農産品のような単価の安いカテゴリ，金額PI値については畜産や米など比較的高い単価の商品が含まれている。

表 5.5 PI値上位20カテゴリ（左：点数PI値，右：金額PI値）

小カテゴリ名	点数PI値	小カテゴリ名	点数PI値
パン惣菜	438.8	玉葱	182.1
揚物惣菜	280.2	ブランド豚	167.6
菓子パン	235.8	寿司惣菜	160.5
アイスクリーム	232.1	洋風生菓子	156.6
キュウリ	229.9	乳酸菌飲料	150.0
茶系飲料	220.3	じゃが芋	147.6
豆腐	199.8	サラダ惣菜	145.2
炭酸飲料	198.1	鶏卵	140.0
ヨーグルト	191.5	もやし	137.6
牛乳	188.1	漬物	134.8

小カテゴリ名	金額PI値	小カテゴリ名	金額PI値
ブランド豚	57060.6	国産鶏	21746.2
うるち米	54529.2	菓子パン	21711.9
寿司惣菜	51698.3	新ジャンル	21686.9
パン惣菜	43841.8	ヨーグルト	21352.5
揚物惣菜	39713.5	サラダ惣菜	21340.4
水産塩干し	27822.2	米飯惣菜	21207.5
ひき肉	25549.4	弁当	20425.1
漬物	24947.8	茶系飲料	19639.2
牛乳	24529.9	ソーセージ	17765.8
鶏卵	23262.4	豆腐	17327.1

5.3 ABC分析による重要カテゴリの評価

店舗には多くの商品があり，多くの顧客がいるが，それらの商品や顧客が等しく企業に売上や利益をもたらすわけではない。**80:20の法則**とも呼ばれる**パレートの法則**は，「全体の大勢に影響を与える要素は少数である」という現象を表現している。

店舗で扱う商品がすべて同じだけ購買されるということはありえず，売上の良い商品と良くない商品が混在することは当然である。こうした売行きの違いを表す言葉として，第2章でも触れた**売れ筋商品**や**死に筋商品**がある。売れ筋商品とは，店舗で売行きの好調な商品であり，死に筋商品とは店舗に置かれていてもほどんど購買されることのないような商品を指す。売り場の販売効率を上げるためには，売れ筋商品を品切れさせないことと，死に筋商品の早期撤退をすることも考える必要もある。そのために，顧客がどのくらい各商品を支持しているかを評価することはこれらの戦略にとって大変重要となる。

そのためには，まず店舗に置かれている商品のどれがどれだけ支持されているか，もしくは売れているかを集計し比較する必要がある。売行き上位の商品は欠品しないように在庫や発注を管理する必要があるし，下位の商品は取扱いの削減もしくは撤収を含めて検討する必要がある。

また，顧客に目を向けても，すべての顧客が同じ購買行動をするわけではなく，優良顧客と呼ばれる店舗にとって価値の高い顧客から，一見客もしくは離反寸前の顧客まで様々にいることが一般である。

このように，商品の売上や，顧客ごとの購買金額に着目し重視すべき商品や顧客を発見しようという分析に**ABC 分析**もしくは**パレート分析**がある。

ABC 分析では商品や顧客といった分析対象についてその売上金額や購買金額を集計する。そして，その大きい順序に並び替え，設定した閾値に従って上位を A ランク，中位を B ランク，下位を C ランクとする。例えば，A ランクは並び替えられた順位について最上位から累積で 70% まで，B ランクは 70% から 90% まで，残りが C ランクとなる。この閾値についてはデータの分布やマーケティング戦略などから決定すればよい。

5.3.1 ● ABC 分析の方法

ABC 分析では，まず集計項目ごとに売上や販売数量などの集計表を作成する。そして値の大きい順に並び替え，その構成比率を計算する。1 位からの累積構成比率を計算し，構成比率を棒グラフ，累積構成比率を折れ線グラフとするグラフを作成する。

表 5.6 は ID 付き POS データ の大カテゴリ別に購買金額を集計値としたデータであり，図 5.4 はそのグラフである。なお，この分析の場合，A ランクが累積構成比率 50% まで，B が 80% まで，C ランクはそれ以降としている。

また，顧客 ID ごとの購買金額に関して ABC 分析をしたところ，図 5.5 のようになった。なお，顧客ごとの構成比率はかなり値が小さくなるため，構成比率は左縦軸，累積構成比率は右縦軸で表している。累積購買金額が 60% までを A ランク，80% までを B ランク，それ以上を C ランクとすると，A ランクと B ランクが 200 名程度，C ランクが 600 人程度と，購買金額で見た時の優良顧客の構成比率が低いことが分かる。また，図の棒グラフをみると，最上位顧客の購買金額が飛び抜けていることも観察できる。

5.3.2 ● Gini 係数

偏りの度合いを示す変数として **Gini 係数**がある。図 5.6 は，横軸に並び替えをした後の対象の順位，縦軸を集計項目に累積構成比率を示したものである。な

表 5.6　大カテゴリの ABC 分析

大カテゴリ名	販売個数	構成比率	累積構成比率	ランク
農産	12593	18.2 %	18.2 %	A
加工食品	10839	15.7 %	33.9 %	A
惣菜	9421	13.6 %	47.6 %	A
菓子	7416	10.7 %	58.3 %	A
飲料	6538	9.5 %	67.8 %	B
畜産	6451	9.3 %	77.1 %	B
穀物類	5510	8.0 %	85.1 %	B
水産	4376	6.3 %	91.4 %	C
即席食品	3408	4.9 %	96.3 %	C
酒類	1899	2.7 %	99.1 %	C
乾物類	560	0.8 %	99.9 %	C
その他	68	0.1 %	100.0 %	C

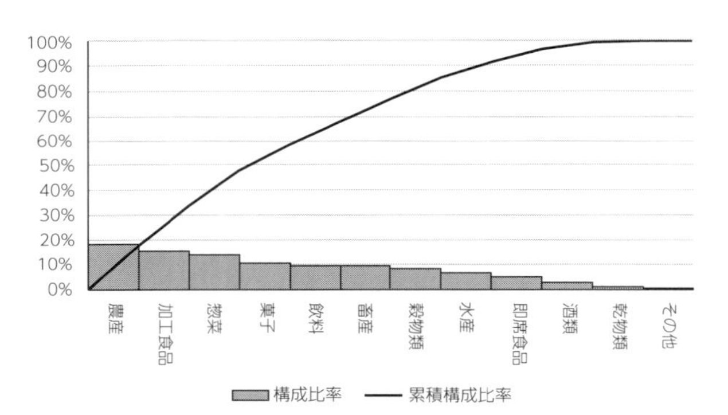

図 5.4　大カテゴリのパレート図

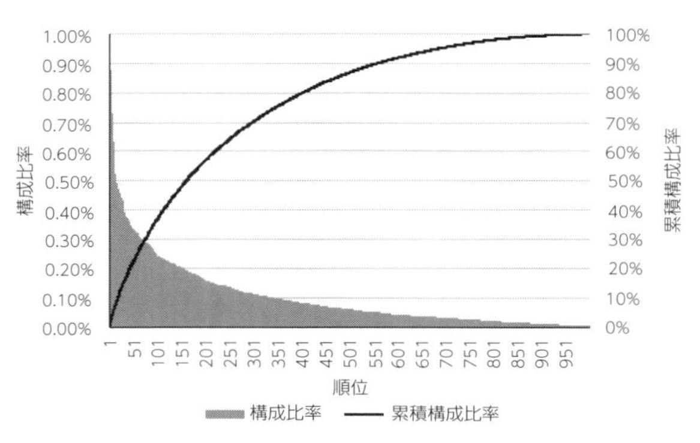

図 5.5　顧客別購買金額のパレート図

お，横軸と縦軸は同じ長さで表している。このとき，原点から O から右上 45°線はそれぞれの対象の構成比率が均等な場合を示している。逆に独占状態すなわち最上位の対象が 100% を占め，他の対象がすべて 0 の場合は点 O から垂直方向に上った C を通り水平方向に B に至る。多くの場合は，これらの間を通り，順位が下がるに従って構成比率が小さくなるため，累積構成比率の線は上に凸な曲線関数として描かれる。このような図を**パレート図**という。

このとき Gini 係数は $\triangle OBC$ に対する線分 OB と弧 OB で囲われた部分の面積の比率で表される。Gini 係数が 1 に近いほど偏りが大きい状態である。x を全順位の中でのある順位の比率，$F(x)$ を順位比率 x に対する累積構成比率とすると，計算式は (5.8) 式のとおりである。

$$\mathrm{Gini} = \frac{\int_0^1 F(x)\mathrm{d}x - \frac{1}{2}}{1/2} = 2\int_0^1 F(x)\mathrm{d}x - 1 \tag{5.8}$$

図 5.6 の弧 OB は点 A を中心として半径を OA とした円弧として描かれているが，このとき Gini 係数の値は，

$$\mathrm{Gini} = \frac{OA^2 \times \pi}{4} - \frac{OA^2}{2} = \frac{\pi - 2}{4} \fallingdotseq 0.285$$

となる。

ただし，実際は曲線ではなく，図 5.4 のように横軸は有限個に分割されている区分線形である。このとき，順位 i $(i = 1, 2, \cdots, n)$ の累積構成比率を c_i $(0 = c_0 < c_1 \leq c_2 \leq \cdots \leq c_n = 1)$ とすると，隣接する順位間について図 5.6

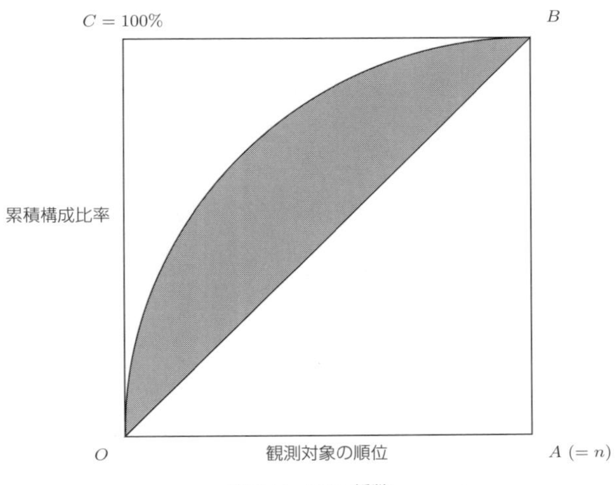

図 5.6　Gini 係数

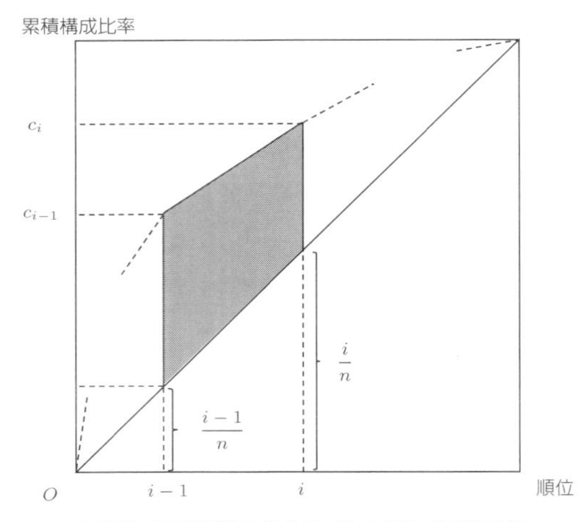

図 5.7　区分線形の場合の Gini 係数の計算方法

の網掛けに相当する部分は図 5.7 の網掛けの台形部分の合計になるため，次のように計算できる。なお，図 5.4 の Gini 係数は 0.031 である。

$$\mathrm{Gini} = \frac{\displaystyle\sum_{i=1}^{n}\left(c_i + c_{i-1} - \frac{2i-1}{n}\right)}{n^2} \tag{5.9}$$

5.4　吸引力モデルによる商圏分析

顧客が複数の選択肢の中から一つを選択するような状況においては，選択肢それぞれの消費者にとっての「魅力」をベースに，魅力の大きさに応じて顧客は選択肢へ吸い寄せられるように近づいていくことで選択に結び付くと考えられる。

自然界では物体同士の引き合う力を示す万有引力の法則がある。ある物体を基準に考えると，万有引力は相手の物体の質量に比例し，また相手の物体との距離の 2 乗に反比例する。すなわち，万有引力は質量が大きいほど大きくなり，距離が離れるほど小さくなる。この法則に従って，すべての物体同士がお互いに引き合っている。

吸引力モデルは別名**重力モデル**とも呼ばれ，万有引力の法則に倣い各選択肢が互いに顧客を引き合うような状況を表現したものである。

今，顧客 i にとって m 個の選択肢がある状況を考える。このとき，何らかの方法で，この顧客のそれぞれの選択肢に対する魅力を測定できたとする。顧客 i の選択肢 j に対する魅力度を，魅力度に影響を与える変数 $\boldsymbol{x}_{ij}$ の関数 $f(\boldsymbol{x}_{ij})$ として得られるとする。ただし，$f(\boldsymbol{x}_{ij})$ は $\boldsymbol{x}_{ij}$ の定義域において非負の値をとる。このとき吸引力モデルでは，それぞれの選択肢の選択確率 p_{ij} は次のような魅力度の大きさの比として表される。

$$p_{ij} = \frac{f(\boldsymbol{x}_{ij})}{\sum_{k=1}^{m} f(\boldsymbol{x}_{ik})} \tag{5.10}$$

吸引力モデルの有名なモデルに**ハフ・モデル**[5]がある。ハフ・モデルは商圏評価の代表的なモデルであり，顧客購買を促進する要因として店舗面積，阻害する要因として店舗までの距離を用いて店舗への効用を求め，複数の選択候補店舗の選択確率を効用の比として求める。

ハフ・モデルにおいてこれらの変数が用いられている理由としては，第一に店舗面積と距離はデータの入手が比較的容易であることが挙げられる。

また，店舗面積は店舗で扱う商品やカテゴリの種類と比例し，面積の広い店舗はより多くの商品を販売しているといった，購買者にとっての店舗の魅力の大きさを表していると考えられるからである。居住時から全く同じ距離に立地する 2 つの小売店のうち，一方は小型店でもう一方が大型店であれば，大型店が選択されやすいことは容易に想像できる。

反面，店舗までの距離は実際に訪店するまでの金銭的もしくは心理的費用を表しており，例えば全く同一の店舗が居住地の近隣と遠方にある場合，近隣の店が選択されがちであることは容易に想像できる。このように，ハフ・モデルで採用されている 2 つの変数は，顧客の店舗選択行動に強く影響を与える因子として考えられる。

ハフ・モデルでは，顧客 i の店舗 j への魅力度を，店舗 j の面積 S_j と顧客 i の店舗 j までの距離 d_{ij} を用いて次のように与えられる。

$$f(S_j, d_{ij}) = \frac{S_j}{d_{ij}^{\lambda}} \tag{5.11}$$

λ は距離と店舗面積のバランスをとるために導入されたものであり交通抵抗パラメータと呼ばれる。このとき選択確率は，

$$p_{ij} = \frac{S_j / d_{ij}^{\lambda}}{\sum_{k=1}^{m} S_k / d_{ik}^{\lambda}} \tag{5.12}$$

として得られるので，店舗 j が獲得できる期待顧客数は，

$$E_j = \sum_{i=1}^{n} p_{ij} \tag{5.13}$$

となる。なお，ハフ・モデルが日本で導入された際には，当時の通商産業省が $\lambda = 2$ とした修正ハフ・モデルが用いられた。

顧客ごとに魅力度を測定することが現実的でない場合は，住宅区域などを単位として考える。商圏を L 個の区域に分割し，区域 ℓ の顧客を N_ℓ とする。このとき，区域 ℓ の代表地点から店舗 j までをその区域からの共通距離とすると，(5.13) 式に相当する期待顧客数は，

$$E_j = \sum_{\ell=1}^{L} N_\ell p_{\ell j} \tag{5.14}$$

として得られる。

表 5.7 および表 5.8 はそれぞれ，ある地域で出店しているスーパーマーケットと住宅区域に関する情報である。図 5.8 はこれらの表の様子を図示したものであり，円の大きさは，店舗の面積もしくは住宅区域の人口を表す。なお，座標 x と y はこの地域の行政庁舎を原点としたときの東西および南北方向の距離である。ただし，東および北が正であり西および南が負である。また，住宅区域については各区域の重心位置を表している。各座標を中心とする円は，店舗については店舗面積，住宅区域については人口を表している。なお，この地域の住民は地域外のスーパーマーケットには行かないものと仮定する。

ここで，ハフ・モデルを用いた各店舗の集客力分析を行う。なお，交通抵抗パラメータは $\lambda = 2$ とする。

これらの図と表から，例えば地区 1 からみると店舗 B が最も近い反面，店舗 C からはかなり離れており訪店しづらいが，C 店は店舗規模が大きいため B 店

表 5.7　店舗の属性 A

	x (km)	y (km)	S_d (m^2)
店舗 A	−3	−3	3000
店舗 B	0	3	5000
店舗 C	5	−5	10000

表 5.8　住宅区域の属性

	x (km)	y (km)	N_ℓ（人）
地域 1	−8	5	1000
地域 2	−7	−8	1000
地域 3	−3	4	3000
地域 4	3	−3	5000
地域 5	7	7	4000
地域 6	7	0	6000

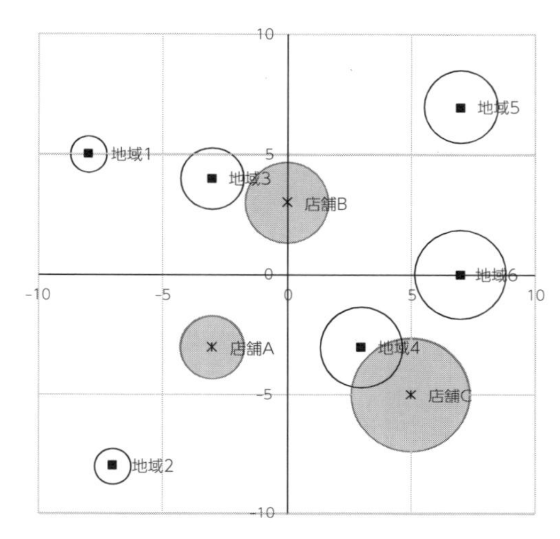

図 5.8　店舗と住宅区域の例

にはない商品が扱われているなどの魅力もありそうである。

地区 1 から 3 つの店舗それぞれの選択確率は魅力度の比，すなわち (5.15) 式で表される。

$$
\begin{aligned}
&p_{1A}:p_{1B}:p_{1C}\\
&=\frac{3000}{((-8)-(-3))^2+(5-(-3))^2}:\frac{5000}{((-8)-0)^2+(5-3)^2}:\frac{10000}{((-8)-5)^2+(5-(-5))^2}\\
&=23.3\%:50.9\%:25.7\% \qquad (5.15)
\end{aligned}
$$

このように，住宅地域 1 からは近くて比較的規模も大きい店舗 B の選択確率が高い。店舗 C は距離は遠いものの，店舗面積が大きいため店舗 A と同等の選択確率であることが確認できる。

同様の方法により，各住宅地域から各店舗の選択確率をまとめると表 5.9 のよ

表 5.9　各住宅地域の各店舗までの距離と人口

	店舗 A	店舗 B	店舗 C	N_ℓ（人）
地域 1	23.3%	50.9%	25.7%	1000
地域 2	43.6%	17.5%	38.9%	1000
地域 3	9.7%	79.3%	10.9%	3000
地域 4	5.8%	7.7%	86.5%	5000
地域 5	9.4%	48.2%	42.4%	4000
地域 6	6.0%	18.8%	75.2%	6000

うになる。

これより，店舗Aの期待集客数は，

$$E_A = 23.3\% \times 1000 + 43.6\% \times 1000 + 9.7\% \times 3000 + 5.8\% \times 5000 + 9.4\% \times 4000 + 6.0\% \times 6000 = 1985.3\ (人)$$

となる。同様に他の店舗も求めたものを表5.10にまとめる。

表5.10 各店舗の期待集客数（単位：人）

店舗 A	店舗 B	店舗 C
1985.3	6506.3	11508.3

この結果を見ると店舗の規模が大きく，住宅地域4や6といった比較的人口の多い住宅地域を背景にした店舗Cの集客力が強いことが分かる。

5.5 回帰分析による売上予測

売上や利益といった企業や店舗が目標とする変数に対して，その値を左右する要因となるような変数が考えられる場合，目標の変数をそれらの要因の変数から説明するような関数を考えて評価すると状況の把握や計画の立案に有用と考えられる。つまり，説明変数の値の変化がどの程度目標の変数に対して影響を与えたのかを定量的に把握できるようになり，次期の目標値を達成するためには，要因となる変数をどのように設定すればよいのかについての示唆を得ることができる。

このような因果関係を分析する代表的な分析手法に**回帰分析**がある。

回帰分析では，結果の変数として**目的変数**（**被説明変数**，もしくは**従属変数**とも呼ばれる），また，結果に影響を与える原因の変数として**説明変数**（**独立変数**とも呼ばれる）を用い，目的変数を説明変数の一次関数として考える。

説明変数が1つの場合を**単回帰分析**，複数の場合を**重回帰分析**という。回帰分析の数理的な背景については付録にまとめ，以下では回帰モデルおよび結果について主に述べていく。

5.5.1 ● 単回帰分析

以下では，まず単回帰分析について説明する。

単回帰分析では，表 5.11 のようなサンプルサイズが複数である一対のデータを用いる。表 5.11 は 8 つのチェーンにおけるある同じ商品の値引き額と，点数 PI 値を示したものである。また，横軸を値引き額，縦軸を点数 PI 値とした散布図が図 5.9 である。これを見ると，ばらつきはあるものの，値引き額が大きくなれば点数 PI 値も大きくなる傾向にあることが分かる。

このとき，点数 PI 値 y を目的変数，値引額 x を説明変数として，値引き額が点数 PI 値に対してどのような影響を与えているかを分析したい。

ここで，目的変数が説明変数の一次関数で表されるとしたモデルを考える。すなわち，図 5.9 にあるようなデータ全体をうまく説明できるような直線を引きたい。

表 5.11 単回帰分析のデータ形式

チェーン	点数 PI 値	値引額（円）
A	14.5	0
B	15.0	50
C	15.5	40
D	16.0	30
E	16.5	90
F	17.0	120
G	17.5	90
H	18.0	130

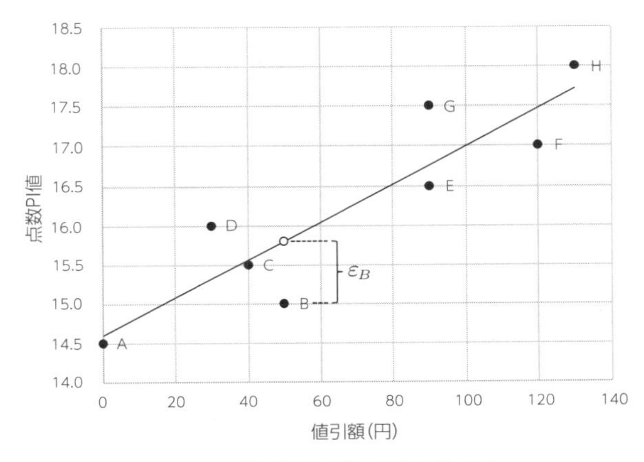

図 5.9 値引額対点数 PI 値の散布図

ただし，一つの説明変数で目的関数の変動を完全に表せるわけではないため，(5.16) 式のように説明変数で表現できなかった分を最後に加えることで等式が成立する。

$$y_i = \beta_0 + \beta_1 x_i + \varepsilon_i \tag{5.16}$$

(5.16) 式は，左辺の目的変数が β_1 を掛けた説明変数と共通の定数 β_0 の和として表されている。β_0, β_1 のようにモデル式を決定する変数を**パラメータ**もしくは**母数**という。なお，最後の項の ε_i を**残差**といい，取り上げた x_i では説明できない変動を示している。図 5.9 の点 B では，点 B から縦軸方向にばして直線とぶつかった点（図中の○）との差が残差となる。

したがって，モデル式から得られる目的変数を $\hat{y}_i$ とすると，$\hat{y}_i$ は，

$$\hat{y}_i = \beta_0 + \beta_1 x_i \tag{5.17}$$

として表される。これを**回帰式**もしくは**回帰直線**と呼ぶ。回帰分析では，モデルから予測される $\hat{y}$ が実際に観測された y となるべく一致するようにパラメータ β_0, β_1 を求める。このとき，y の観測値と予測値の差，すなわち残差の 2 乗和を最小にするように求める。すなわち，

$$\sum_{i=1}^{n} \varepsilon_i^2 = \sum_{i=1}^{n} (y_i - \hat{y}_i)^2 = \sum_{i=1}^{n} \{y_i - (\beta_0 + \beta_1 x_i)\}^2 \tag{5.18}$$

を最小にするような β_0^*, β_1^* を求める。(5.18) 式は 2 次関数であるため，比較的容易に最適解を求めることができる。上記の表 5.11 においては，

$$\hat{y} = \underbrace{14.6}_{\beta_0^*} + \underbrace{0.024}_{\beta_1^*} x \tag{5.19}$$

が最適な回帰直線として得られる。

なお，パラメータの求解方法の詳細についても付録を参照いただきたい。

説明変数 x の傾きである β_1 は，目的変数 y に対して x の変動が平均してどのくらい影響するかを表している。(5.19) 式では，$\beta_1^* = 0.024$ より 1 円値引するごとに平均して 0.024 の点数 PI 値の上昇が見込まれる。また，例えば普及率の目安として 16.5 の点数 PI 値を見込みたい場合は，(5.19) 式を x について解くことで 79.17 円，すなわち約 80 円の値引きが必要であるといった意思決定ができる。

また，回帰分析では統計的見地からモデルに関する様々な情報が得られる。例えば，目的変数の予測値が実際の観測値とどのくらい近いか，すなわち回帰モデルの予測の良さを示す**重相関係数** R や，説明変数が目的変数をどのくらい説明

できているかを表す重相関係数の 2 乗である**決定係数** R^2 といった値が得られる。なお，(5.19) 式における重相関係数と決定係数はそれぞれ 0.898, 0.806 とモデルとしては十分な表現力を持っているといえる。

ID付き POS データ において，日々の商品単価を説明変数，購買点数を目的変数とした回帰分析を行う。

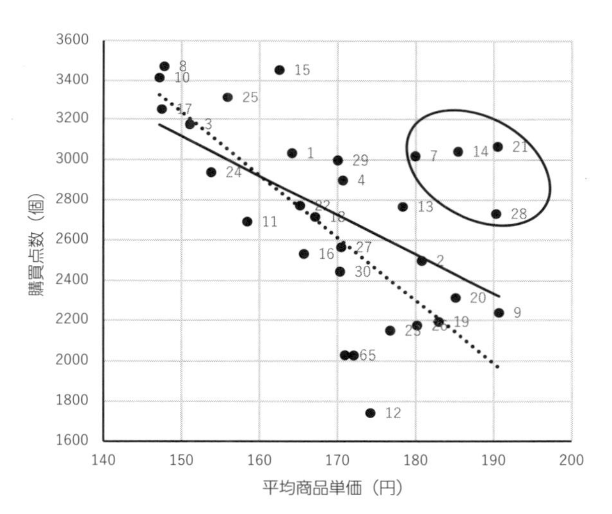

図 5.10 商品単価対来店客数の散布図

図 5.10 は各日の散布図であり，図中の直線はその回帰式である。回帰式（図の直線）は，

$$y = 6040.4 - 19.50x \tag{5.20}$$

となり平均商品単価が安くなればその分来店客数は増える傾向にある。ただし，決定係数は 0.296 と高くない。図の右上部分に回帰直線からかなり離れた位置に同じ曜日（楕円で囲まれた 7, 14, 21, 28 日）が固まっており，これらの日は商品単価では説明できない要因があると考えられるため，これらを除いて分析したところ回帰直線（図の点線）は，

$$y = 7914.5 - 31.19x \tag{5.21}$$

となり，決定係数も 0.589 と向上した。この場合は上記の日は他の特定の要因があるとして分析から外す方が適切な回帰直線が得られていると言えよう。

価格は購買に大きな影響を与える要素の一つであり，古くから様々な視点でその影響を分析されてきた。**価格弾力性**は価格の変化率に対する需要や供給の変化率を表す。例えば需要の価格弾力性 $elas_q$ は，価格 p と需要 q および その変化量 Δp と Δq を用いて，

$$elas_q = -\frac{\Delta q/q}{\Delta p/p} \tag{5.22}$$

と表される。右辺にマイナスが乗じられているのは一般には価格が上がると需要は下がるので価格弾力性がマイナスになるためである。価格弾力性が 1 より大きければ，価格の変化率よりも需要の変化率の方が大きく，需要に対するインパクトが大きい。このとき**弾力的**であるという。逆に 1 より小さければインパクトは小さく**非弾力的**という。

Δp を極小な区間とすれば微分の式として考えられ，

$$\lim_{\Delta p \to 0} \frac{\Delta p}{p} = \frac{\mathrm{d}p}{p} = \mathrm{d}\ln p \tag{5.23}$$

となる。この関係を用いて (5.22) 式を積分すると，

$$\ln q = C - elas_q \times \ln p \tag{5.24}$$

となり，価格と需要の対数に対して回帰分析を行うことで，価格弾力性を求めることができる。

図 5.10 で，7, 14, 21, 28 日を除いたデータについて購買点数の価格弾力性を求めると 1.95 となり，価格変化は購買行動への影響が大きいということが言える。

5.5.2 ● 重回帰分析

重回帰分析は，表 5.12 のように説明変数が複数あるデータを対象とする。最初の列が目的変数であり，その後に続く変数が説明変数である。

ここで，単回帰分析から複数の変数による一次関数に拡張した以下の式を考える。

$$y_i = \beta_0 + \sum_{j=1}^{p} \beta_j x_{ij} + \varepsilon_i \tag{5.25}$$

このうち，残差 ε_i を除いた式を回帰直線として，単回帰分析と同様に残差平方和を最小にするようにパラメータ $\beta_0, \beta_1, \cdots, \beta_p$ を求める。すなわち，

表 5.12 重回帰分析のデータ形式

y	x_1	x_2	$\cdots$	x_j	$\cdots$	x_p
y_1	x_{11}	x_{12}	$\cdots$	x_{1j}	$\cdots$	x_{1p}
y_2	x_{21}	x_{22}	$\cdots$	x_{2j}	$\cdots$	x_{2p}
$\vdots$	$\vdots$	$\vdots$	$\ddots$	$\vdots$	$\ddots$	$\vdots$
y_i	x_{i1}	x_{i2}	$\cdots$	x_{ij}	$\cdots$	x_{ip}
$\vdots$	$\vdots$	$\vdots$	$\ddots$	$\vdots$	$\ddots$	$\vdots$
y_n	x_{n1}	x_{n2}	$\cdots$	x_{nj}	$\cdots$	x_{np}

$$\hat{y}_i = \beta_0 + \sum_{j=1}^{p} \beta_j x_{ij} \tag{5.26}$$

という回帰直線について，

$$\sum_{i=1}^{n} \varepsilon_i^2 = \sum_{i=1}^{n} (y_i - \hat{y}_i)^2 = \sum_{i=1}^{n} \left\{ y_i - \left(b_0 + \sum_{j=1}^{p} \beta_j x_{ij} \right) \right\}^2 \tag{5.27}$$

を最小にする解が最適なパラメータ値となる。

なお，説明変数を増やせば重相関係数および決定係数の値は必ず改善する。すなわち，目的変数の観測値により近い予測値を得ることができる。しかし，闇雲に説明変数を増やしても，モデルとして必ずしも適切ではない場合もある。特にサンプルサイズが小さい場合は，パラメータを求めるために用いたサンプルに過剰に当てはまることもある。このため，サンプルサイズが小さいときは，決定係数の代わりにサンプルサイズと説明変数のバランスを考慮した**自由度調整済み決定係数**を用いて評価することもある。

また，モデルに採用した説明変数が目的変数の変動に影響を与えているかについては，説明変数の係数の t 値もしくは P 値から判定することもできる。これらについても付録を参照いただきたい。P 値とは検定統計量より外側の値をとる確率である。標準正規分布の場合は 1.96 であれば片側 2.5%，両側 5% が P 値となる。

統計分析ソフトウェアでは，統計的見地から最適な回帰モデルを求めるための関数やツールが用意されている場合もありこれらを利用することも一案である。

前節では，ID 付き POS データにおいて，平均商品単価のみを説明変数としたが，ここでは曜日差を考慮したモデルを考える。ただし，何日が何曜日については分からないデータであるので，ここでは，各日を 7 で割った余りを曜日のラベルとして用いる。すなわち，1 日や 8 日を「曜日 1」とし，7 日や 14 日を「曜日 0」とする。

このような質的データを説明変数とする場合は，図 5.11 に示すように，まず変数に含まれる水準，すなわち曜日をそれぞれの変数に割り付け，当てはまる場合は 1，そうでない場合は 0 とした行列を作成する。このような行列では，ある列の値は他の列を観察すれば確実に分かるため，行列の階数は水準数より 1 だけ小さくなる。この行列から正規方程式を解くために逆行列を得ようとすると解が不定となる問題があるため，分析の際にはどれか 1 列を削除して行う。

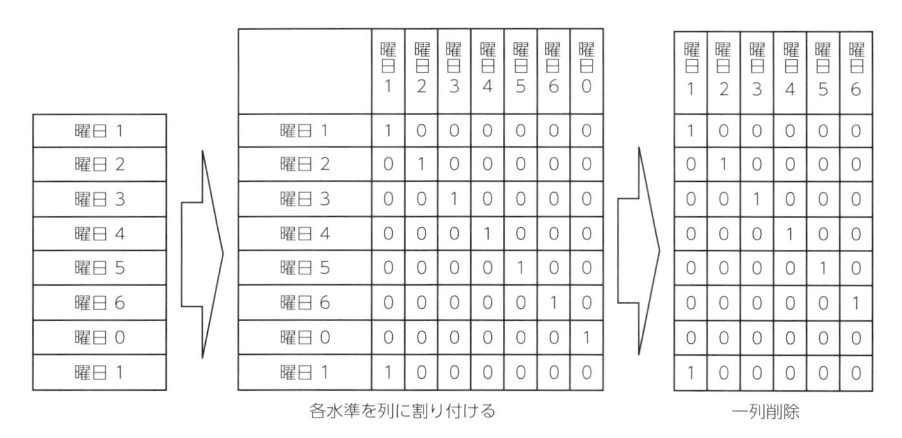

図 5.11　質的データの数量化

表 5.13 は曜日 7（7, 14, 21, 28 日）の水準を削除した場合の回帰係数の値である。なお，曜日の係数の値は削除した水準の影響を 0 とした時のほかの曜日の相対的な差を示している。すなわち，曜日 6（6, 13, 20, 27 日）は曜日 7 に比べて平均して 663 個購買個数が少ないことを示している。

なお，表 5.13 の P 値の列を見ると，平均商品単価については有意性が若干低いが，この結果は AIC（赤池情報量基準）による変数選択を行った結果であり，平均商品単価もモデルに含めている。

図 5.12 は横軸を目的変数の観測値，縦軸をその予測値とした散布図であり，かなり近い結果が得られている。このモデルによる重相関係数，決定係数ならびに自由度調整済み決定係数はそれぞれ，0.900, 0.810, 0.749 であり，予測誤差（平均絶対誤差）は 5.8% であり，高い予測精度があると考えられる。

表 5.13 重回帰分析の結果

変数	係数	t 値	P 値
切片	5091.4	3.883	0.001
平均単価	−11.4	−1.630	0.117
曜日 1	−98.6	−0.422	0.677
曜日 2	−702.4	−4.084	0.000
曜日 3	−187.4	−0.612	0.547
曜日 4	−327.4	−1.398	0.176
曜日 5	−1035.1	−5.798	0.000
曜日 6	−663.0	−3.653	0.001

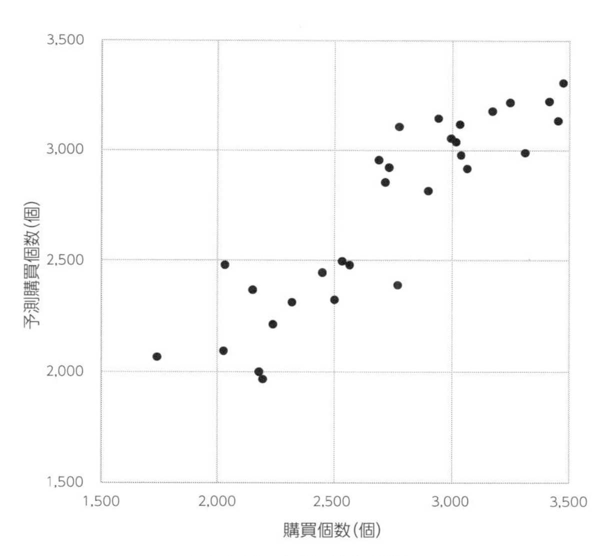

図 5.12 観測値対予測値

AIC (赤池情報量基準) は，モデルにおける変数選択でしばしば使われる指標である。理論的背景については他書[8]に譲り，ここでは簡単に紹介したい。

良いモデルとは，対象とする現象を適切に説明でき，かつできるだけ単純なモデルである。重回帰分析では，より少ない説明変数によって目的変数の観測値に近い予測値をモデルから得られれば良いことになる。しかし，すでに述べたように，変数を闇雲に増やしても目的変数の変動に関係のない変数まで採用しかねない。

こうした考えから，AIC では，当てはまりの尺度である尤度とモデルの複雑さを示す求めるべきパラメータの数の両者から情報量を定義し，モデル間で比較することで良いモデルを決定しようというものである。AIC は次のように求められる。

$$\mathrm{AIC} = -2 \times (\text{対数尤度}) + 2 \times (\text{モデルに含まれるパラメータの数}) \quad (5.28)$$

前述のように，尤度が高くパラメータ数が少ない方が良いため，AIC 値は小さい方が望ましい。

なお，重回帰分析の場合は，AIC は以下によって求められ，モデル内の変数を増やしたり減らしたりしながら AIC 値が小さいモデルを探索している。探索方法としては，変数増加法，変数減少法，変数増減法などがある。

$$\mathrm{AIC} = n\left\{\ln\left(\frac{2\pi\sum_{i=1}^{n}(y_i - \hat{y}_i)^2}{n}\right) + 1\right\} + 2(p+2) \quad (5.29)$$

第6章

商品の評価

「前章では売り場視点の分析を行ったが，本章では売り場で扱われる商品に目を向ける。多くの小売店では複数の商品を扱っており，顧客のニーズを捉えそれに合わせながらも，様々な観点から扱う商品の最適化を行わなければならない。前章で紹介したABC分析なども，商品を分類する一つの有効な方法である。ただし，上述のように店舗ではさまざまなカテゴリを扱っており，また同じカテゴリの中でも複数の商品を同時に取り扱っており，これらを同時に考慮するという視点も重要となる。本章では，小売店で扱う商品をどのように観察・分析していけばよいかについて，「商品在庫の回転」，「商品間の購買の類似性」，「商品間の同時購買」という視点からの分析を紹介したい。」

6.1 経営的視点からの商品の管理

前章では，係数管理の方法としてPI値を紹介した。PI値は売り場でどのくらいの割合で商品が購買されているかを示したものである。経営の視点から見ると，売上もさることながら流通，特に在庫については注意を払わなければならない。

製造業を対象に考えれば，自社商品の需要を適切に捉え，出荷に合わせた生産計画を立てる必要がある。生産のペースと出荷量が必ずしも一致するわけではないため，メーカーは一定量の完成品在庫を持つことが必要であり，**在庫管理**が重要となる。もしも，受注に対して欠品のため納期を守ることができない，もしくは受注そのものができないということは機会損失や信用問題を生じさせかねない。しかし，過剰な在庫は在庫保管費用が発生するだけではなく，企業資産の有効活用の点でも好ましくない。また，季節商品のように**プロダクト・ライフ・サイクル**が短い商品の場合は，そのライフ・サイクル中に在庫を一掃することができなければ，二度と売ることができない死蔵品になりかねない。

6.1.1 ● 在庫管理のためのABC分析

商品が複数種類ある場合，それらを平等に管理することは現実的ではなく，例えば高額なものは在庫量を抑えられるよう，注意して監視する必要があろう。

どの商品の在庫管理に注力すべきかについては，第3章で説明したABC分析が利用できる。それぞれの商品の在庫管理についてABC分析を応用すると図6.1のように考えられる。

各商品について在庫金額の大きさをもとに，Aグループ，Bグループ，Cグループに分ける。Aグループは在庫金額の高い商品であるので，頻繁に在庫を確認するなどの必要がある。これに対して，Cグループはそれほど在庫費用が大きくないため，受注や欠品の監視は必要であるものの，在庫管理に注力する必要はないものと考えられる。

6.1.2 ● 在庫回転率・在庫回転期間

経営分析は企業経営について，財務的な面から成長性や安定性などを評価する方法の総称である。企業にとって商品は資産であり，それを販売することで次のビジネスの資金を得ることになる。したがって，商品を在庫として自社内に長期

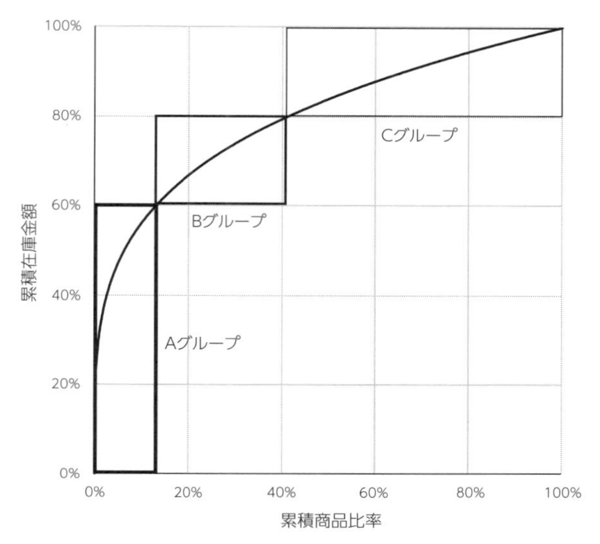

図 6.1 在庫管理の ABC 分析

間置いておくことは好ましくはない。

適正な在庫量であるかどうかを評価する方法として，**在庫回転率**や**在庫回転期間**といった経営分析の指標がある。

在庫回転率は，対象期間（期や月）で在庫が何回転したかを示したものであり，

$$在庫回転率 = \frac{売上金額}{平均在庫金額} \tag{6.1}$$

により求めることができる。

期間の平均在庫は，売上の変動が小さい場合は期首と期末の在庫の平均から計算するが，季節商品のように売上の変動が大きな商品の場合は，期間の在庫合計を期間の日数で割って求める。そして，それらに商品単価を乗じることで平均在庫金額を計算できる。

なお，在庫回転期間は在庫が一巡する期間を示しており，

$$在庫回転期間 = \frac{在庫金額}{平均単位期間売上金額} \tag{6.2}$$

となる。在庫回転率が高いほど売上もしくは需要に対する在庫は少ないことになり，在庫運用が効率的であることを表している。在庫が長期間滞留すれば，その在庫は売上に貢献することなく費用ばかりが掛かったことになる。

例えば，ある 2 つの商品 A, B の 50 週の売上がそれぞれ 1000 万円である場

合，商品 A と B の平均在庫金額がそれぞれ 20 万円で 50 万円であった時，在庫回転率は商品 A が 50 回転，商品 B は 20 回転となる。また，在庫回転期間は 1 週当たりの売上が 1000（万円）÷ 50（週）= 20（万円／週）であるので，商品 A が 1，商品 B が 2.5 となり，在庫の少ない商品 A の方が販売効率がよい。

同じカテゴリの商品の在庫回転率を比較したり，また在庫の推移の時系列変化を分析することで，適切な販売・在庫管理を行う必要があり，こうした管理は日々その変化の要因などの分析が必要である。

6.2 主成分分析による商品の評価

商品の特徴や現場での売行きを比較しようという場合，その特徴の変数や，売行きを評価する指標が量が多数ある場合は，それらすべてを用いて多くの対象の総合的な特徴を把握しながら比較することは容易ではない。そこで，多数の特徴量をうまくまとめることによって，サンプル全体を比較することを考える。

主成分分析は多次元の観測変数を，低次元に縮約する次元縮約方法の一つである。主成分分析は，観測された項目に対してウェイト付けをして加えることにより総合的な指標を作成する。このとき，できる限りケース間の差異をはっきりさせるため，総合指標の分散が最大になるようにウェイトを決める。こうして得られる主成分を第 1 主成分と呼ぶ。付録で説明するように，主成分分析は固有値問題として定式化される。第 1 主成分は最大固有値に対応する固有ベクトルから決定される。固有値の大きさが主成分が含む情報量に相当し，ここから主成分が元のデータの情報に対してどの程度の情報を含んでいるかの**寄与率**を求めることができる。なお，ここでの情報の量はデータの分散が該当する。また，主成分分析の結果としては，観測項目に対するウェイトである**主成分負荷量**と，各ケースの主成分の大きさである**主成分得点**が得られる。

次に，第 1 主成分に含まれなかったデータの情報から次の主成分を得ることができ，これを第 2 主成分と呼ぶ。以降順に第 3 主成分，第 4 主成分，…が得られる。なお，第 m 主成分は第 1 主成分から第 $m-1$ 主成分までとそれぞれ直交，すなわち主成分負荷量の内積が 0 になるように求められる。

特に第 2 主成分までを採用した場合，第 1 主成分を縦軸，第 2 主成分を横軸とした平面で表現することができるため，比較対象と変数の関係を分かりやすく可視化することができる。

こうして得られる図は**ポジショニング・マップ**と呼ばれることがあり，市場における商品間の差異を視覚化することができる。その名前が示す通り，STP フレームワークにおけるポジショニングの評価にも用いられる。

主成分分析をはじめ，複数の多変量解析手法は固有値問題に帰着され，求められる固有値分だけの集約された指標が求められる。共通する特徴として，大きい固有値の方が情報量は多いことが挙げられる。また，最初の指標，すなわち主成分分析でいえば第 1 固有値に対応する第 1 主成分だけでは十分な情報が得られなければ第 2 固有値に対応する第 2 主成分を求める。またそれでも不足するときは第 3 主成分以下を順に求めていく。

分析例として，ID 付き POS データについて，大カテゴリの購買点数上位について，累積比率 80% までのカテゴリを，各日ごとに集計したデータをもとに主成分分析を行う。なお，分析においては相関係数行列をもとに行い，以下の分析結果は第 2 主成分までを用いる。寄与率は第 1 主成分，第 2 主成分それぞれで 51.5%，21.2% であり累積寄与率としては 72.7% である。

図 6.2, 6.3 は，それぞれ横軸を第一主成分，縦軸を第二主成分として主成分負荷量と主成分得点を表したものである。

主成分負荷量の散布の様子から，第 1 主成分の値が小さいほど（マイナスになるほど）全体に購買数量が多いことが分かる。また第 2 主成分の値については，農産や菓子と惣菜が逆の位置になっており，日によっては特定のカテゴリが買わ

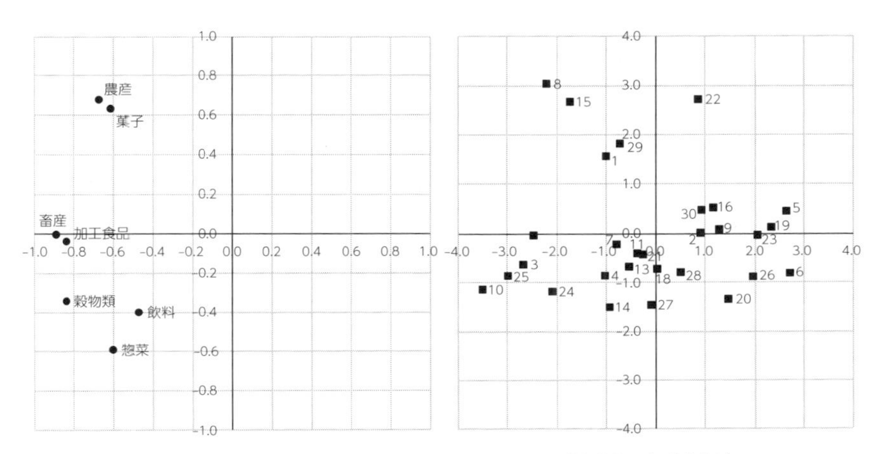

図 6.2 主成分負荷量

図 6.3 主成分得点

れているのかもしれない。

主成分得点からは，横軸の負の領域には 10 日，17 日，24 日，縦軸の正の領域には 1 日，8 日 15 日，22 日，29 日といった同じ曜日が近くの座標に現れており，曜日による購買の違いが観察される。こうした現象が観察される要因としては，毎週同じ曜日に折り込みチラシが発行される，もしくはあるカテゴリの特売が行われているといった可能性もある。

6.3 相関ルール分析

スーパーマーケットなどの総合小売店においては，顧客との CRM の成果として LTV の獲得が挙げられる。LTV は顧客と良い関係を構築し自社へのロイヤルティを上げることによって，高い顧客シェアや購買金額を長期間にわたって獲得することでその値は高くなる。

そのためには顧客に離反，すなわちストア・スイッチされないことが重要となるが，そのための方策の一つとして，顧客にとって利便性の高い店づくりが望まれる。その一つが適切な品揃えである。

また，昨今では多くの EC サイトにおいて，「この商品を買った人はこれらの商品も同時に購買されています」といったおすすめ商品が表示される。POS データもしくは ID 付き POS データでは，バスケットごともしくは顧客ごとの購買履歴が分かるため，それらを分析軸として，同時購買分析もしくは併売分析が可能である。データから「商品 A を買った人は商品 B を買いやすい」といった知見が得られれば，プロモーションや店内の棚割りなどへの有効な情報となりえる。

このような同時に購買されやすい商品の組合せを見つける手法として**相関ルール分析**もしくは**マーケット・バスケット分析**がある。

今，バスケットすなわち購買機会ごとにどのような商品間に関係があるかを「A を購買する人は B を購買しやすい」という関係で表したい。そのために $A \Rightarrow B$ という式で表す。A を「条件部」，B を「帰結部」という。関連の強さを表すのに，一般には次の 3 つの視点で評価される。それぞれは以下の式で与えられる。

support（支持度）

support は条件部と帰結部が同時に含まれる場合が全体のうちどのくらいの割合あるかを表す指標であり，バスケット全体の中にどのくらいの割合で商品 A と

商品 B が同時に含まれるバスケットがあるかを示している。したがって，その組合せがどのくらい頻出するかを表したものである。式は以下のとおりである。なお，$|U|$ はレシート総数，$|A|$ は商品 A を含むレシート数を表す。

$$\text{support}(A \Rightarrow B) = \frac{|A \cap B|}{|U|} \tag{6.3}$$

confidence（信頼度）

confidence は条件部を含むケースのうち帰結部を含むケースがどのくらいあるかの割合であり，条件部に着目するとそれがどのくらい帰結部と関係しているかを示している。商品 A を含むバスケットの中で商品 B が含まれるかの割合を示している。すなわち条件部の商品に着目した時の他の商品との関係を示した指標となっており，値が高いほど関係が強い。confidence は次の式で与えられる。

$$\text{confidence}(A \Rightarrow B) = \frac{|A \cap B|}{|A|} \tag{6.4}$$

lift（リフト値）

lift は，帰結部の商品 B をについて考える場合，条件部の商品 A に着目すると，全体から無作為に抽出した時に B が含まれる割合に比べて，どのくらい関係性が強いかを示した指標である。式は以下のように，全体集合の中で帰結部が含まれる割合に対して，分子のルールの条件部を含むケースの中で帰結部を含む割合の比率で示される。

$$\text{lift}(A \Rightarrow B) = \frac{\text{confidence}(A \Rightarrow B)}{\text{support}(B)} = \frac{|A \cap B| \times |U|}{|A| \times |B|} \tag{6.5}$$

例えば，$\text{lift}(A \Rightarrow B) = 3$ の時に，商品 B のキャンペーンとしてダイレクトメールを送る顧客を選択する場合に，無作為に 1000 人を選択する場合に比べて，A を購買した人のみから選択する方が 3 倍の購買が期待できる。このように，lift の値が 1 より大きければ無作為抽出するよりも，帰結部が含まれる割合が高くなる。

これらの指標を図 6.4 で示す。

なお，support と confidence の取りうる範囲は $[0, 1]$ であり値が大きいほど関連が大きいといえる。また，lift のは非負の実数である。lift は非常に効果が高いルールを抽出できているように思えるかもしれないが，lift が高い組合せの多くは support が小さい傾向があり，これらの指標をどのように使うかについては注意が必要である。

また，support と lift は条件部と帰結部を入れ替えても同じ値となるが，

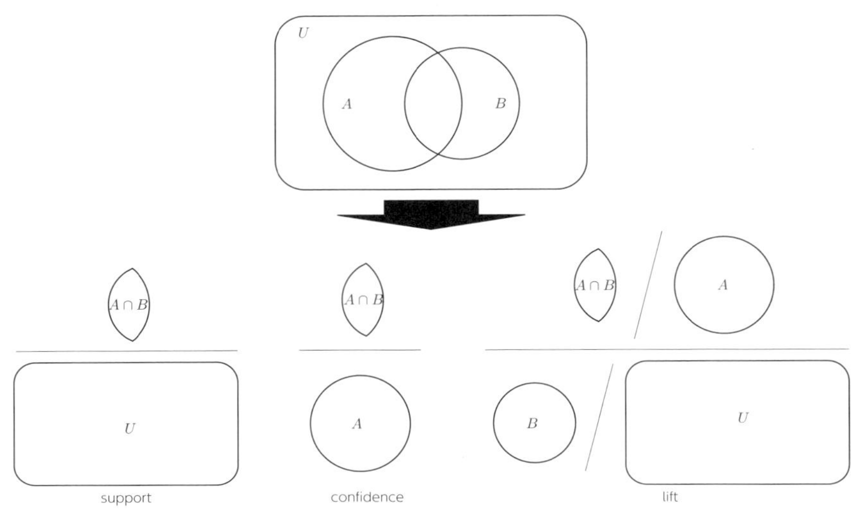

図 6.4　相関ルール分析

confidence はこれらを入れ替えると一般には値は同じにはならない。

これらの指標を計算する場合，行をバスケット（行数は n），列を商品（もしくはカテゴリ，列数は p）とした行列 $X_{(n \times p)}$ を作成する。各要素は購買されていれば 1，そうでなければ 0 となる。このとき行列 $Y = X^\top X$ は $p \times p$ の同時購買行列（もしくは併売行列）となる。対角要素は各商品が購買されたバスケット数を表し，非対角要素は 2 つの商品の同時購買バスケット数となる。

例えば，表 6.1 のような購買行列 X があった場合，同時購買行列 Y は (6.6) 式として求められる。

$$Y = \begin{bmatrix} 6 & 5 & 2 & 1 & 2 \\ 5 & 6 & 2 & 2 & 3 \\ 2 & 2 & 5 & 2 & 4 \\ 1 & 2 & 2 & 3 & 3 \\ 2 & 3 & 4 & 3 & 5 \end{bmatrix} \tag{6.6}$$

これより，confidence と lift は表 6.2 のように求まる。なお，各行が条件部，各列が帰結部を表す。この表から，商品 A と B もしくは商品 C, D, E の組合せの lift が高いことが分かる。ただし，商品 D のようにそもそもの購買数が少ない場合は注目すべき商品に当たるかどうかについては事前に考慮しなければならないであろう。

表 6.1 購買行列

	A	B	C	D	E
1	1	1	0	0	0
2	1	0	0	0	0
3	1	1	1	1	1
4	0	0	1	0	0
5	1	1	1	0	1
6	1	1	0	0	0
7	0	0	1	0	1
8	0	0	1	1	1
9	0	1	0	1	1
10	1	1	0	0	0

表 6.2 confidence（左）と lift（右）

前提＼結論	A	B	C	D	E
A		0.83	0.33	0.17	0.33
B	0.83		0.33	0.33	0.50
C	0.40	0.40		0.40	0.80
D	0.33	0.67	0.67		1.00
E	0.40	0.60	0.80	0.60	

前提＼結論	A	B	C	D	E
A		1.39	0.67	0.56	0.67
B	1.39		0.67	1.11	1.00
C	0.67	0.67		1.33	1.60
D	0.56	1.11	1.33		2.00
E	0.67	1.00	1.60	2.00	

実際は，すべての組合せについて求めると計算時間が長くなるため，効率的なアルゴリズムが提案されており，分析ツールやライブラリで実装されている[1)]。

また，ここで示したものはルール長が 2，つまり条件部と帰結部がそれぞれ 1 つの商品のみの場合であるが，ルール長を 3 以上とすることもできる。しかし，その分だけ組合せ数が増えるため，計算時間も長くなる。

商品間の関係性を表現する指標としては上記の 3 つの指標以外にも，以下のようなものもある。どのような指標を用いるかについては，扱っている商品カテゴリ，顧客の購買行動などによっても異なるのでそれぞれの指標から得られるルールと現場での知識を合わせながら決めればよい。

jaccard 係数

jaccard 係数は，二つの集合の積集合が和集合のどのくらいを占めるかを表したもので次の式で与えられる。

$$\mathrm{jaccard}(A, B) = \frac{|A \cap B|}{|A \cup B|} \tag{6.7}$$

集合 A と B の全要素に対して，両者が含まれる部分の割合であり，重なりが大きいほどこの値は 1 に近づく。もしも，全く重なってない場合は 0 となる。どちらかの集合が極端に小さい場合 lift 値は大きくなりがちになるが，jaccard 係数は両者の大きさを分母に含むためこのような現象が起こりにくい。

dice 係数

dice 係数は次のように与えられる。

$$\mathrm{dice}(A, B) = \frac{2 \times |A \cap B|}{|A| \times |B|} \tag{6.8}$$

jaccard 係数は二つの共通集合に含まれない部分の大きさに反比例する。これに対して，これに対して dice 集合はそれぞれの集合における共通集合の割合の積になっており，共通集合が小さく，差集合が大きい場合でも差異をうまく表現できる。

simpson 係数

simpson 係数は，二つの集合の小さい方の要素数を分母，それらの共通集合を分子とした割合である。

$$\mathrm{simpson}(A, B) = \frac{|A \cap B|}{\min\{|A|, |B|\}} \tag{6.9}$$

したがって，集合の一方がもう一方の部分集合である場合，値が 1 となる。

これらを，図 6.5 に示す。

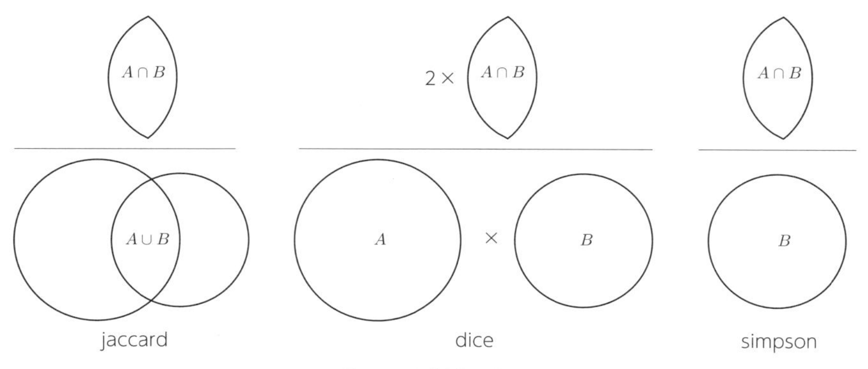

図 6.5　近接性の指標

ID付きPOSデータを用いた相関ルール分析の結果を下記にまとめる。表6.3〜6.5はそれぞれ，support, confidence, liftについて上位10位までのルールをまとめたものである。supportの高いものは，広く購買されるカテゴリが多く登場し，confidenceが高いものは，総菜や野菜など，組み合わせて買われるカテゴリが多い。lift値ついては，特定の野菜や酒類が多く，定番の組合せもしくは，ついで買いなのか隣接カテゴリで複数の商品が購買されることが多いようである。ただし，すでに述べたようにliftが高い組合せは，supportが低いことがあるので戦略上重要であるかどうかの判断においては熟慮が必要である。

表6.3 相関ルール（support降順）

条件部	帰結部	support	confidince	lift
揚物惣菜	パン惣菜	3.90%	24.25%	1.25
パン惣菜	揚物惣菜	3.90%	20.10%	1.25
納豆	豆腐	3.56%	32.59%	1.97
豆腐	納豆	3.56%	21.47%	1.97
牛乳	豆腐	3.47%	24.37%	1.47
豆腐	牛乳	3.47%	20.95%	1.47
ブランド豚	豆腐	3.43%	26.46%	1.60
豆腐	ブランド豚	3.43%	20.69%	1.60
鶏卵	豆腐	3.39%	26.04%	1.57
豆腐	鶏卵	3.39%	20.43%	1.57

表6.4 相関ルール（confidence降順）

条件部	帰結部	support	confidince	lift
ニラ	もやし	1.16%	50.00%	4.38
じゃが芋	玉葱	2.47%	49.71%	7.00
調理パン	菓子パン	3.26%	40.00%	2.63
中華調味料	豆腐	1.71%	38.22%	2.31
中華惣菜	揚物惣菜	2.04%	37.83%	2.35
和風惣菜	揚物惣菜	1.86%	36.21%	2.25
玉葱	じゃが芋	2.47%	34.81%	7.00
ブロッコリー	豆腐	1.34%	34.18%	2.06
おでん種	豆腐	1.11%	32.91%	1.99
納豆	豆腐	3.56%	32.59%	1.97

表 6.5　相関ルール（lift 降順）

条件部	帰結部	support	confidince	lift
じゃが芋	玉葱	2.47%	49.71%	7.00
玉葱	じゃが芋	2.47%	34.81%	7.00
ニラ	もやし	1.16%	50.00%	4.38
もやし	ニラ	1.16%	10.14%	4.38
チューハイ・カクテル	新ジャンル	1.11%	25.49%	4.04
新ジャンル	チューハイ・カクテル	1.11%	17.69%	4.04
人参	玉葱	1.27%	26.02%	3.66
玉葱	人参	1.27%	17.91%	3.66
マルチパックアイス	アイスクリーム	1.21%	21.74%	3.34
アイスクリーム	マルチパックアイス	1.21%	18.64%	3.34

6.4 コンジョイント分析による新商品企画の最適化

消費者は商品選択の際に，商品の持つ様々な機能やデザインを比較している。どのような機能やどういったデザインが消費者にとって好ましいと感じられるのかを知ることで，市場のニーズに合致した新商品を開発・販売することができる。

コンジョイント分析は，新商品の企画する際に考慮すべきいくつかの因子を抽出し，各因子について異なる水準を用意する。そして，それらを組み合わせた複数の仮想的な商品を消費者に提示して評価してもらう。そこから，各因子に関する評価や重要度を評価し，満足度や好む順序を回答してもらう。そして，満足度や順位を左右するような因子や，最適な水準に関する示唆を得ようという分析手法である。

6.4.1 ● プロファイルと直交配列

コンジョイント分析では，商品の評価に大きく影響を与える少数の因子を取り上げ，各因子に複数の水準を仮定する。そして，商品はこれらが組み合わされたものとして考える。コンジョイント分析では，各因子についてある水準を決め，それを組み合わせて作成した仮想的な商品を**プロファイル**と呼ぶ。被験者は提示された複数のプロファイルを比較しながら評価する。評価は点数や順位によって与えられる。図 6.6 は**コンジョイント・カード**と呼ばれるプロファイルの仕様を

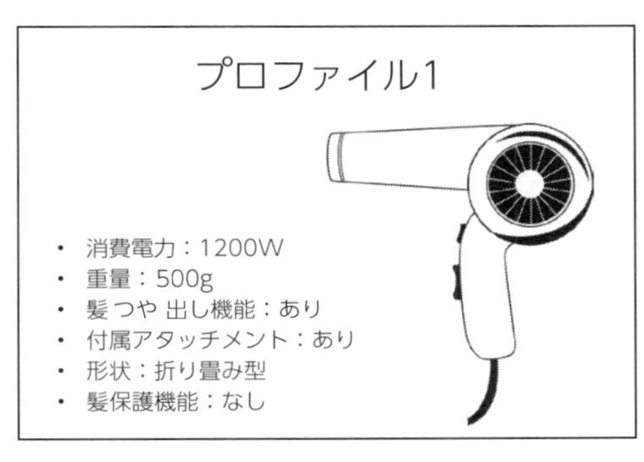

図 6.6 コンジョイント・カードの例

まとめたカードであり，被験者はこういった仮想的な商品を比較しながら評価する。

本来はプロファイルの評価は各因子の各水準の部分的な評価（これを**部分効用値**という）の和として表されるが，コンジョイント分析ではプロファイル全体の評価から部分効用値を逆算するように求める。

各因子の水準については評価時に偏りがないようにしなければならない。そのためには各因子のすべての組合せについて評価すればよいが，例えば，取り上げる因子数が 5 つで各因子の水準が 2 の場合，因子の組合せの総数は $2^5 = 32$ 通りとなる。因子の数に応じて指数級数的に組合せ数が増えてしまい，被験者の負担が大きくなる。

そこで，直交配列を用いた比較プロファイルの削減を行う。

直交配列では，2 つの因子における水準の組合せがすべての組合せで同じ数になるように水準の組合せ方を工夫したものであり，こうすることによって組合せの偏りを防ぐことができる。そのために表 6.6 や表 6.7 に示すような直交表が用意されており，この表に従って各因子の水準を定めたプロファイルを作成すればよい。

例えば表 6.6 は，4 因子以上 7 因子以下で各因子が 2 水準の場合の直交配列のための表であり，これを $L_8(2^7)$ 直交表と呼ぶ。この記号の見方は，本来 7 因子 2 水準で本来は 2^7 の組合せが考えれるが，直交配列ではわずか 8 つのプロファイルの比較で済むということを示している。したがって，表 6.7 では 4 因子 3 水準で 9 つのプロファイルを作ればよいということになる。

他の場合の直交表も用意されているが，これらについては他書[15)]を参照いただきたい。

表 6.6　$L_8(2^7)$ 直交表

プロファイル	因子 A	因子 B	因子 C	因子 D	因子 E	因子 F	因子 G
1	1	1	1	1	1	1	1
2	1	1	1	2	2	2	2
3	1	2	2	1	1	2	2
4	1	2	2	2	2	1	1
5	2	1	2	1	2	1	2
6	2	1	2	2	1	2	1
7	2	2	1	1	2	2	1
8	2	2	1	2	1	1	2

表 6.7　$L_9(3^4)$ 直交表

プロファイル	因子 A	因子 B	因子 C	因子 D
1	1	1	1	1
2	1	2	2	2
3	1	3	3	3
4	2	1	2	3
5	2	2	3	1
6	2	3	1	2
7	3	1	3	2
8	3	2	1	3
9	3	3	2	1

6.4.2 ● 部分効用値の評価

得られたプロファイルの評価から各因子の各水準の部分効用値を求める。

本書では，対象に対する評価が得点の形で得られている場合を想定し，これを重回帰分析の枠組みで分析する方法について紹介する。

なお，対象への評価が順位で得られている場合，比較するプロファイル数 +1 から順位を引くことで対象の評価値とし，その値を目的変数として重回帰分析によって各因子・各水準の部分効用値を得る方法もある。しかし，順位は順序尺度であることから，本来は評価値の大小関係のみしか表していないため，厳密にデータを扱うのであればロジット・モデルを応用した順序ロジット・モデル[27)]などによる分析方法が推奨される。

各因子の各水準について，重回帰分析の説明変数用にデータを変換する。

ここでは，5.5.2 節の分析例のように，各水準に対して別の変数を割り当て，当てはまる場合は 1，そうでないときは 0 とした 2 値データとする。

すなわち，p 因子で各因子が q 水準であるとき，表 6.8 のようなデータを作成

表 6.8 因子の変換（上：変換前，下：変換後）

変換前

プロファイル	因子 1	因子 2	$\cdots$	因子 p
1	1	1	$\cdots$	q
2	1	2	$\cdots$	1
$\vdots$	$\vdots$	$\vdots$	$\ddots$	$\vdots$
n	q	1	$\cdots$	2

変換後

プロファイル	因子 1			因子 2			$\cdots$	因子 p		
	水準 1	$\cdots$	水準 q	水準 1	$\cdots$	水準 q		水準 1	$\cdots$	水準 q
1	1	$\cdots$	0	1	$\cdots$	0		0	$\cdots$	1
2	1	$\cdots$	0	0	$\cdots$	0	$\cdots$	1	$\cdots$	0
$\vdots$	$\vdots$	$\vdots$	$\vdots$	$\vdots$	$\vdots$	$\vdots$	$\ddots$	$\vdots$	$\vdots$	$\vdots$
n	0	$\cdots$	1	1	$\cdots$	0	$\cdots$	0	$\cdots$	0

する。

このデータを $x_{ijk\ell}$ とする。ただし，i はプロファイル $(i=1,2,\cdots,m)$，j は因子 $(j=1,2,\cdots,p)$, k は水準 $(k=1,2,\cdots,q)$，ℓ は被験者 $(\ell=1,2,\cdots,m)$ である。実際に重回帰分析を行う場合は，5.5.2 節と同様，各因子について一つの水準を削除して分析する。ここでは最後の列（q 列）を削除したとして，被験者 ℓ の i 番目のプロファイルの評価を $y_{i\ell}$ とすると，

$$y_{i\ell} = \beta_0 + \sum_{j=1}^{p}\sum_{k=1}^{q-1}\beta_{jk}x_{ijk\ell} + \varepsilon_{i\ell} \tag{6.10}$$

として表される。重回帰分析と同様に，残差 $\varepsilon_{i\ell}$ の 2 乗和を最小にするパラメータ β_0, β_{jk} を求めればよい。

なお，こうしたカテゴリカル・データのみを用いた回帰分析は**数量化理論 I 類**と呼ばれる。水準の削除は計算上の都合であるため，評価の際には削除した水準についてパラメータの調整を行って，削除したことの影響を除く。この調整を**カテゴリ変量の調整**と呼ぶ。カテゴリ変量の調整では，各因子について被験者全体のパラメータの平均が 0 になるように調整する。そのためには，すべての因子の水準数が同じ直交配列では各水準のプロファイルは同数あるので，重回帰分析で得られた因子ごとに各水準のパラメータからパラメータの平均を引けばよい。したがって，以下の式により各パラメータの値が調整される。

$$\beta'_{jk} = \beta_{jk} - \frac{1}{q}\sum_{k=1}^{q-1}\beta_{jk}, \quad j = 1, 2, \cdots, p \tag{6.11}$$

(6.11) 式で得られる値が部分効用値となる。したがって，各因子の水準間で比較することで，どの水準の部分効用値が高いかが分かる。

また，どの因子が商品の評価に影響するかについては簡便的に各因子の水準の範囲，すなわち因子内の最大値と最小値の差を因子間で比較することで評価することができる。

新商品の開発に当たっては，重要と判断される因子については見逃すことなく商品に作りこむことが重要であろう。またこうした分析の結果は，開発予算の配分についてもどういった機能に注力すべきかといった示唆を与えてくれる。

分析例として プロファイル評価データ に含まれる，被験者 15 人のドライヤーに関する評価データを用いる。

なお，プロファイルの作成において，取り上げた要因とそれぞれの要因の水準を表 6.9 に示す。この場合，$L_8(2^7)$ 直交表について因子 1 から因子 6 の列に水準を割り当てればよい。また，15 人の評価の一覧を表 6.10 に，プロファイルごとの評価値の箱ひげ図を図 6.7 に示す。

重回帰分析により各要因各水準のパラメータ値を求め，カテゴリ変量の調整を行った結果が図 6.8 である。また，各要因の水準のパラメータ値の範囲について円グラフを図 6.9 に示した。

これらを見ると，特に，「髪つや出し効果」機能に関する評価が高い。また，重量が軽いというよりもむしろ電力消費量，すなわち風量の強いものが好まれることが分かる。

表 6.9　ドライヤーに関する要因と水準

因子		水準	
		1	2
A	消費電力	1200W	1000W
B	重量	800g	500g
C	髪つや出し機能	あり	なし
D	付属アタッチメント	あり	なし
E	形状	折り畳み型	一体型
F	髪保護機能	なし	あり

表 6.10 プロファイルの評価

被験者	プロファイル							
	A	B	C	D	E	F	G	H
1	68	85	64	37	54	18	97	55
2	64	76	34	26	69	25	88	82
3	38	53	95	44	43	82	23	17
4	61	76	32	37	17	23	96	71
5	56	83	75	52	27	35	83	32
6	44	74	73	57	18	44	86	18
7	88	74	57	84	19	37	39	51
8	85	86	46	52	22	34	71	65
9	82	83	53	39	42	35	63	66
10	13	86	24	45	21	68	88	52
11	85	47	41	65	24	33	53	77
12	55	88	39	45	23	27	82	75
13	86	67	62	50	24	33	84	28
14	68	48	78	91	17	57	39	24
15	88	82	43	42	57	34	70	66

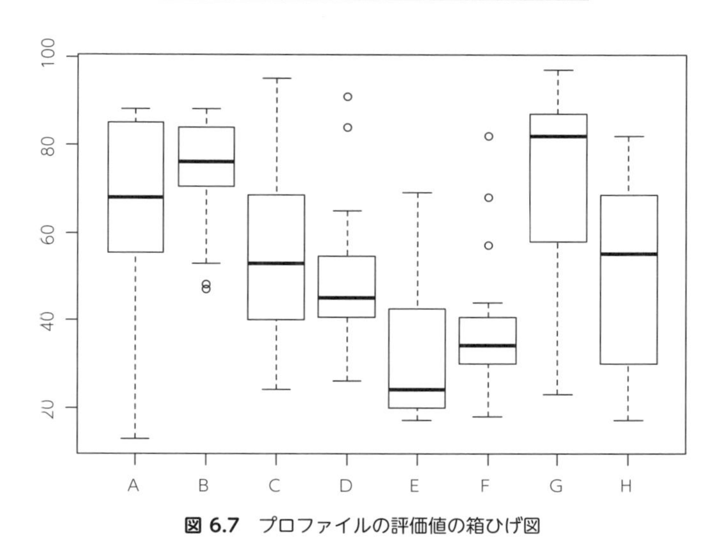

図 6.7 プロファイルの評価値の箱ひげ図

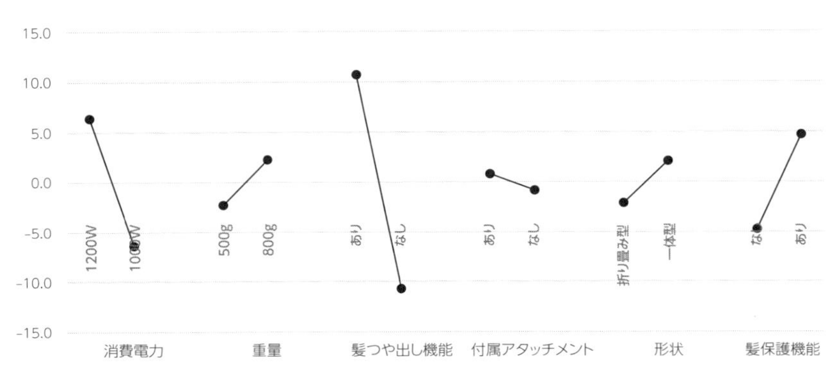

図 6.8　部分効用値の結果

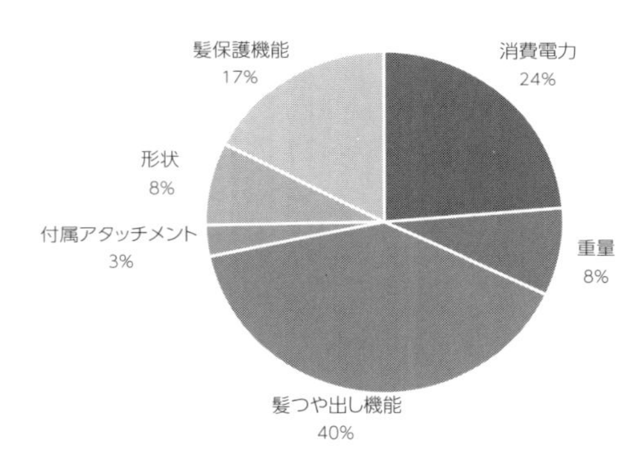

図 6.9　因子間の影響度の比較

第7章

顧客の評価

「競争の激化や消費者の情報活用，多数の商品の存在による嗜好の多様化は，企業が消費者や顧客に対して一様にアプローチしていては対応できない状況を作り出した。マーケティングにおいては，当初のマス・マーケティングから，セグメンテーション・マーケティング，さらにはワン・トゥ・ワン・マーケティングへと，顧客の個別対応が求められる時代となった。効果的なマーケティング活動のためにはターゲット顧客を選別し，そのターゲットに対して最大限効果を生むようにアプローチする必要がある。しかし，マーケティング費用は有限であるため，最大の効果が得られるようにその費用を投下しなければならない。そのためには，顧客を自社との関係性を適切に認識すること，また顧客の行動や嗜好の理解が望まれる。本章ではまず，顧客をセグメンテーションの方法について述べ，続いて優良顧客をどのように識別するか，また顧客の嗜好を理解するための分析手法について紹介する。」

7.1 顧客のセグメンテーション

消費者の嗜好の多様化や同じカテゴリに次々と新しい商品が発売されるようになり，それに伴って顧客のニーズや感じる便益も一様ではなくなってきた。

高度成長期までは，需要が供給をはるかに上回っていたため，顧客全体を一つのグループとして捉え，共通のマーケティング・プログラムによるアプローチが最も効果的，効率的であったと言えるが，顧客が多様化した現在においては，ニーズが異なる顧客群がいくつもある状況であり，これらを一つのグループとして捉えることは効果・効率の両面において適切とは言えない時代となった。

そこで，市場や顧客をある基準で分割し，その分割されたグループごとに対応を変えることが求められるようになってきた。こうした市場の分割をセグメンテーションと呼び，現在ではマーケティング・ミックス策定前に市場を理解する意味でも行われるようになっている。

7.1.1 ● セグメンテーションの基準

顧客のセグメントをどのように作るかについては，様々な基準が考えられる。セグメンテーションの目的は，自社にとって最も魅力ある顧客群を発見することで，新規見込客を獲得すること，既存の優良顧客の囲い込みをすること，アップセルやクロスセルを期待できる顧客を識別すること，などいずれもCRMの見地から考えることができる。

これまでの既存の研究やデータの入手可能性から，セグメンテーションの基準としては次の4つの基準にまとめられる。

- 地理的基準
- 人口統計学的基準
- 行動基準
- 心理的基準

地理的基準は，生活圏そのものが購買やロイヤルティに影響を及ぼすという考えから出ている。例えば衣料品で考えると，同じ時期であっても北海道と沖縄では売れる商品は全く異なることは想像に難くない。また同じ都市圏であっても関東圏と関西圏では嗜好が異なるということも考えられる。

人口統計学的基準は，個人属性もしくは世帯属性と言い換えることもできる。

上記と同じように衣料品で考えれば，男性向け商品と女性向け商品では当然ターゲットは変わる。また，女性向け商品であっても年代によっても変わるであろう。その他，世帯構成や子供の年齢などによって購買意向に大きな違いが出るような商品も考えられる。

行動基準は，商品や店舗に対するこれまでの購買経験やその頻度といった顧客の過去の購買をもとにした基準である。現在，ID付きPOSデータがマーケティング分析で広く用いられている背景には，個々の顧客の購買履歴から，商品やブランド，店舗へのロイヤルティが測定できること，またそれをもとにさらなるロイヤルティの向上が期待されているためである。

心理的基準にはライフスタイルやその顧客の真の嗜好といった顧客の内面的な行動規範が含まれる。こうした消費者の心理構造はアンケートなどで把握することもできるが，消費者自身が実は自分自身を認識できていない部分もあるため，心理状態の把握は一般には大変難しい。また，近年では，**商品DNA**といった，その商品を購買している顧客の背景要素から，商品に対して心理的要素を評価しながら，マーケティング・販売の再定義をしようという試みもなされている。

一般に，地理的基準や人口統計学的基準については把握しやすいが，行動基準や心理的基準はそれに比べて比較的把握しづらかったり，何らかの集計や分析を行う必要がある。ただしその反面，行動基準や心理的基準から適切なセグメンテーションができれば，顧客の購買行動や購買に影響の与えるような心理的因子によってセグメントが作成できるため，高いマーケティング施策効果が見込める。

表7.1に，セグメンテーションの各基準の具体的な例をまとめる。

表 7.1　セグメンテーションの基準例

地理的基準	人口統計的基準	行動基準	心理的基準
地域 人口密度 気候 都市の規模	年齢 性別 職業 世帯構成 所得	購買回数 購買金額 使用状態 ロイヤルティ 価格感度	ライフスタイル 性格 生活価値観

7.1.2 ● クラスタ分析によるセグメンテーション

クラスタ分析は特徴の似通った評価対象を一つのグループにまとめようという分析手法である。

古くから，観測対象間の距離をもとにした，階層型クラスタ分析が用いられてきた。ただし，近年のビッグデータ時代の到来とともに，分析対象のデータ量が大きくなったこともあり，より大規模なデータを扱うことができる非階層型クラスタ分析にも注目が集まっている。

これら二つのクラスタ分析の違いを簡単に紹介する。階層型クラスタ分析は，すべての対象間の距離をもとに，近いものから順に結合していきながら，最後はすべての対象が一つの集合になるという方法である。したがって，どの対象同士がどの段階で結合するかなどデータ全体の結合の様子を観測できる。これに対して非階層型クラスタ分析は，あらかじめクラスタ数と各クラスタの中心座標を指定し，どの中心座標と近いかを比較し，最も近い中心座標のグループに所属するという手法である。すべての観測対象間の距離を計算する必要がないため，大規模なデータに対しても高速に解くことができるという特徴を持つ。

これら 2 つの手法の違いの様子を図 7.1 に示す。

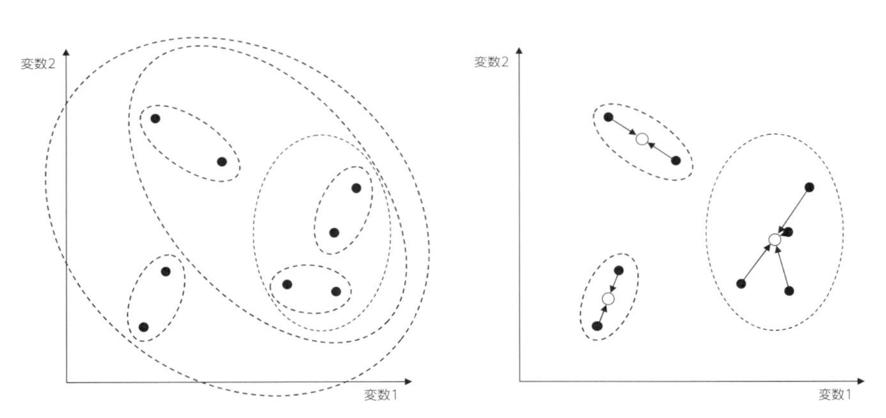

図 7.1　階層型クラスタ分析（左）と非階層型クラスタ分析（右）

それぞれの方法を以下で紹介する。

7.1.3 ● 階層型クラスタ分析

階層型クラスタ分析は，複数の対象のうちどれとどれが近いかを分析するためには，複数の要素を含むクラスタと他の要素との距離，もしくは複数の要素を含むクラスタ同士の距離をどのように定義するかについて複数の方法が提案されている。

階層型クラスタ分析を行うに当たっては「対象間の距離」と「クラスタ間の距

離」を定義する必要がある。

対象間の距離については次のような距離が提案されており，データの特徴に合わせて用いられる。ただし，二つの対象の特徴量を $\boldsymbol{x} = (x_1, x_2, \cdots, x_p)^\top$, $\boldsymbol{y} = (y_1, y_2, \cdots, y_p)^\top$ とし，必要に応じて標準化もしくは基準化がなされているものとする。

ユークリッド距離

ユークリッド距離は最も一般的な距離の概念であり，ある対象から目標とする対象までの直線距離を表す。

$$\text{ユークリッド距離} = ||\boldsymbol{x} - \boldsymbol{y}|| = \sqrt{\sum_{i=1}^{p}(x_i - y_i)^2} \tag{7.1}$$

市街地距離

市街地距離は観測項目ごとの距離の差の和であり，例えば二変数の特徴量がありそれらをそれぞれ横軸と縦軸に配置した時，対象間の距離を軸に対して斜めに測ることを許さず，各変数の方向にしか距離を測定できない。ニューヨークのマンハッタン島や長安，平安京のように格子状に道路が整備され，東西もしくは南北方向にしか移動できないという状況を念頭にこの名前がつけられている。

$$\text{市街地距離} = \sum_{i=1}^{p}|x_i - y_i| \tag{7.2}$$

マハラノビスの汎距離

マハラノビスの汎距離はユークリッド距離と同様に対象間の直線距離を考えるが，変数間の相関関係を考慮する。相関が高い場合，一方向に分布が広がり，それと直交する方向には分布が広がらない。このとき，2 変量正規分布を考えると，その等確率密度線は楕円となる。マハラノビスの汎距離では，中心からの楕円上の点までの距離を等しいと考える。このために，変数間の共分散を求め，この逆行列を $\Sigma_{xy}^{-1} = [\sigma_{xy}(i,j)^{-1}]_{(p \times p)}$ とする。このとき，距離の式は以下のようになる。

$$\begin{aligned}\text{マハラノビスの汎距離} &= (\boldsymbol{x} - \boldsymbol{y})^\top \Sigma_{xy}^{-1} (\boldsymbol{x} - \boldsymbol{y}) \\ &= \sum_{i=1}^{p}\sum_{j=1}^{p}(x_i - y_i)\sigma_{xy}(i,j)^{-1}(x_j - y_j)\end{aligned} \tag{7.3}$$

cosine 類似度

cosine 類似度は，2 つの対象の特徴量ベクトルの方向がどれだけ一致するかを表すものである。したがって，2 つの対象の特徴量を座標としてそのベクトル同士の角度を次の式により求められる。

$$\text{cosine 距離} = \frac{\boldsymbol{x} \cdot \boldsymbol{y}}{||\boldsymbol{x}||||\boldsymbol{y}||} = \frac{\displaystyle\sum_{i=1}^{p}(x_i \times y_i)}{\sqrt{\displaystyle\sum_{i=1}^{p} x_i^2}\sqrt{\displaystyle\sum_{i=1}^{p} y_i^2}} \tag{7.4}$$

次に，複数の要素を持つようなクラスタ間の距離について考える。複数の要素からなるクラスタは，要素の座標が散らばる領域があるため，領域同士の距離をどのように測定するかについてはいくつもの方法がある。代表的な方法を表 7.2 にまとめる。

表 7.2　階層型クラスタ分析のアルゴリズム

アルゴリズム	距離の定義
単連結法	各クラスタに属する要素のうち最も短い要素間の距離
完全連結法	各クラスタに属する要素のうち最も長い要素間の距離
群平均法	二つのクラスタに属する要素のすべての組合せの距離の平均
重心連結法	各クラスタの重心間の距離
メディアン連結法	各クラスタの中心値間の距離
Ward 法	連結することによる残差平方和の増加量が最小になるものを選択

これらのうち，どの方法がよいかということに関する統一的な見解はない。ただし，**単連結法**，**重心連結法**，**メディアン連結法**ははずれ値に頑健であるがデータのノイズの影響を受ける[29)]，**重心法**や**メディアン法**はクラスタの成長途中に距離の逆転現象，すなわちあるクラスタに他のクラスタもしくは要素を結合した結果，結合した時よりも距離の短い組合せが現れる可能性もある。**Ward 法**は他の方法とは異なり，結合前後でクラスタの重心から各要素までの距離の 2 乗和の増加量が少ない同士を結合する。つまり，二つのクラスタに属する要素の集合 X, Y において，それぞれの集合の重心から各要素までの平方距離の和を $d^2(X)$, $d^2(Y)$ とし，X と Y を結合した $X \cup Y$ について，その重心から各要素までの平方距離の和を $d^2(X \cup Y)$ とする。このとき，

$$d^2(X \cup Y) - \{d^2(X) + d^2(Y)\} \tag{7.5}$$

を求める。そして，すべての組合せのうち最も小さいものを結合する。

Ward 法は，他の手法のように要素間の距離のみからクラスタ形成する方法ではなく，毎回すべての結合の候補について増加量を計算しなければならないため計算量が多くなるが，なるべく小さくまとめようという方針でクラスタを作成するため，うまくまとまったクラスタができるという意見も多い。

なお，Ward 法を除く階層型クラスター分析のアルゴリズムは以下のようになる。

1. すべての要素間の距離を定義する。
2. 要素もしくはクラスタ間の距離を計算する。
3. 2 のうち距離が最小の要素もしくはクラスタの組合せを結合し一つのクラスタとする。
4. すべての要素が一つのクラスタになるまで 2, 3 を繰り返す。

なお，いくつのクラスタを採用するかについては，結合する距離やクラスタの特徴から決定する。ただし，データとクラスタ数の関係を評価する指標もいくつか提案されており，それらをクラスタ数決定に用いる場合もある。

(1) 非階層型クラスタ分析

階層型クラスタ分析は，すべての要素間の距離を計算し評価を繰り返すため，分析を終了するまでに膨大なステップ数が必要となる。したがって，サンプルサイズが大きくなると，計算終了までに長時間がかかるのとともに，ケース間のすべての組合せの距離を求める必要があるため，コンピュータのメモリも相当量必要となる。

非階層型クラスタ分析は，階層型クラスタ分析のこうした欠点を克服する手法である。

非階層型クラスタ分析の代表的な手法である **k-means 法**は，事前にクラスタ数を決めておき，クラスタを形成する要素の集合を集約していく方法である。一般的なアルゴリズムは以下のとおりである。

1. クラスタ数を決め，その重心座標を仮に置く。
2. 各要素からそれぞれの重心座標までの距離を計算する。
3. 距離が最も短いクラスタに所属させる。
4. クラスタに所属した要素から重心を計算しなおす。
5. 重心が十分収束しているもしくは要素のクラスタ間移動がなくなったら終

了。そうでなければ，2〜4を繰り返す。

表7.3は ID付きPOSデータ に含まれる2000人の顧客のうち，購買回数が8回以上の顧客344人を対象として，顧客の一回当たりの各購買時間帯での購買点数，購買金額をまとめたデータである。なお時間帯については12時までを「午前」，13時から15時を「午後」16時から18時を「夕方」，19時以降を「夜間」とした。

表7.3　時間帯別購買単価

顧客ID	午後	午前	夜間	夕方
1001	0	2110	3038	2457
1002	1675	2153	0	1622
1004	0	2025	2363	2151
⋮	⋮	⋮	⋮	⋮
1997	2590	2442	0	2030
1999	0	2965	0	3204
2000	0	4290	0	5500

このデータについて，顧客の来店パターンによるセグメンテーションをするために，階層型クラスタ分析を行った。距離は平方距離，アルゴリズムはWard法を用いた。クラスタの生成過程を示す**デンドログラム**が図7.2である。デンドログラムは縦軸を距離として，クラスタが作られていく過程を図示したものである。この図から，今回は4クラスタに分割するのが良いと判断し，クラスタごとの特徴を比較した。クラスタ1から4までの所属顧客数はぞれぞれ人98人，183人，45人，18人である。

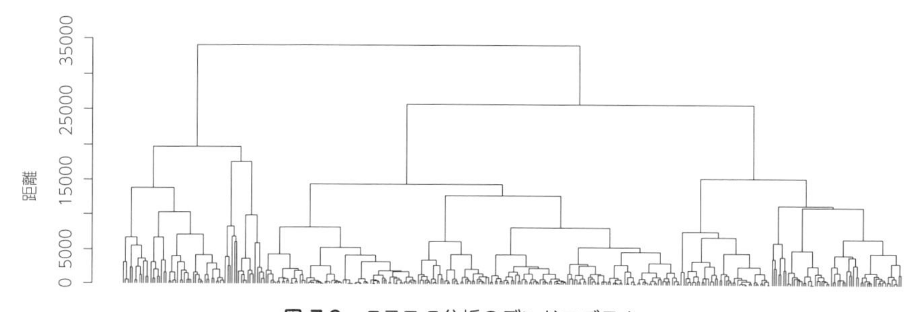

図7.2　クラスタ分析のデンドログラム

各クラスタに所属する顧客の時間帯ごとの平均購買単価の箱ひげ図を図 7.3 に示す。これらの図から，クラスタ 1 と 2 は比較的購買単価が低く，クラスタ 1 は夜間，クラスタ 2 は夕方前までに主に来店する顧客である。クラスタ 3 は夜間の購買がほとんどない顧客で，夕方までの購買単価がクラスタ 2 よりも高いため，比較的まとめ買いをするクラスタと考えられる。

クラスタ 4 は午後以降の購買が多く，特に午後の早い時間に大量購買している顧客である。全体の 5% 程度の顧客であるが，購買単価の高さが目立つクラスタである。

さらに分析を進めるには，例えば各クラスタの顧客がそれぞれの時間帯でどのようなカテゴリをどのくらい購買しているかということを比較検討することで，顧客への効果的なアプローチが可能になろう。

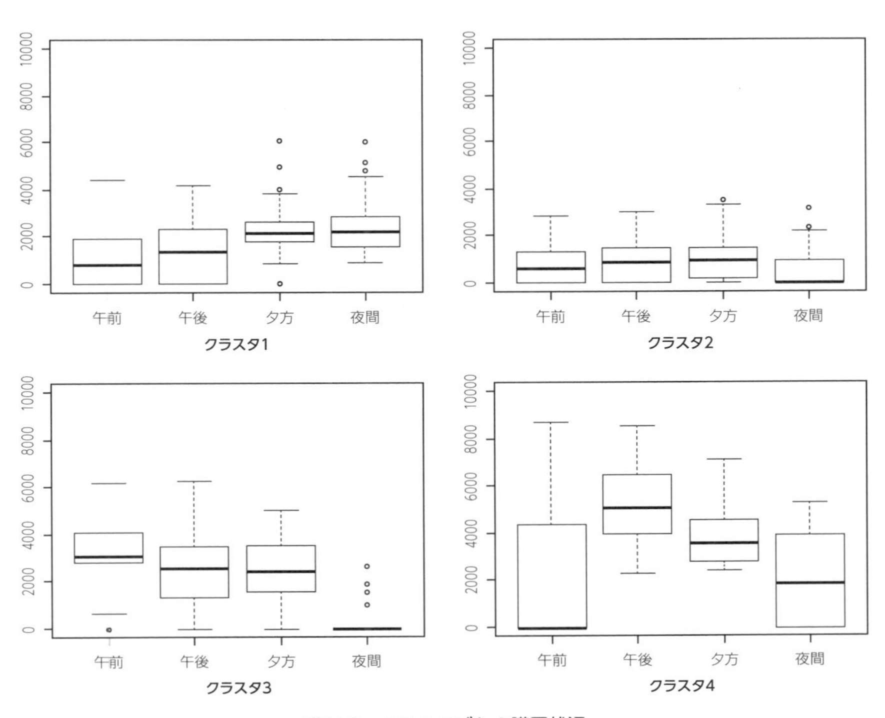

図 7.3　クラスタごとの購買状況

7.2 優良顧客の評価

FSP から得られる ID 付き POS データに代表される，顧客の購買行動履歴データは顧客が自店舗にどのくらい来ているのかを把握できるのとともに，どのように店舗を利用しているのかといった分析も可能である。

5.2.1 節で紹介したように，売上は顧客数と顧客単価の積で表される。したがって，売上の向上のためには，顧客数もしくは顧客単価を向上させることが必要である。ただし，自社の既存顧客についても，何らかの理由で離反する顧客もいるため，顧客数を維持するためには離反した顧客数だけ，新規の顧客を獲得する必要がある。しかし，新規の顧客を獲得するためには，新たな市場開拓や探索のためのコスト，もしくは他社からスイッチさせるためのコストなどがかかる。また，新規の顧客は自社に対するロイヤルティは低いことが多いため，一人の新規顧客が自社にもたらす利益は少ない。

1.2.2 節でも述べたように，CRM は企業や小売店が既存の顧客と長期の良好な関係を構築することで，その企業に対する顧客生涯価値を高めようという活動や管理手法である。こうした活動が功を奏せば，顧客維持率を改善やロイヤルティの獲得による顧客単価の向上が見込める。

顧客の維持に目を向けてみると，上記でも述べたように，既存の顧客であっても一定数の顧客は離反してしまう。したがって，自社の顧客の中でロイヤルティが高く，囲い込んでおくことが重要な顧客が誰なのかを評価する必要がある。そのために，どの客に注力すべきなのかを認識するためにも，セグメンテーションが重要となる。

7.2.1 ● RFM 分析

前述の通り，新規顧客の獲得は既存顧客の維持に比べてはるかに高い費用を必要とする。既存顧客の中でも，優良顧客を維持することは企業にとっては最も重要な戦略の一つである。優良顧客を識別するために，前述のセグメンテーション基準の一つである行動基準を用い，過去の購買行動履歴もとに複数の視点から集計，評価する分析手法として **RFM 分析**がある。

RFM 分析では，過去の購買履歴から以下の 3 つの指標値を求めて顧客のロイヤルティを評価する。これら 3 つの指標の頭文字をつなげて RFM 分析と呼ばれる。

Recency	**(R)**	基準日からさかのぼった直近購買までの期間
Frequency	**(F)**	基準日からさかのぼった観測期間内の累積購買回数
Monetary	**(M)**	基準日からさかのぼった観測期間内の累積購買金額

Rについては値が小さいほど優良顧客として考えられる。しばらく来店がない顧客は他店に乗り換えた可能性がある，というように何らかの理由で自店舗から遠ざかったことが考えられるためである。FとMはそれぞれ値が大きいほど良い。これらの値が高いということは，頻繁に来店したくさん購買してくれる顧客ということである。FとMは相関が高い場合が多いが，購買単価が大きく異なるような場合はこの限りではない。

例えば，現在を1月1日として，ある顧客の昨年一年間の購買履歴が表7.4のようであったとする。

表 7.4 ある顧客の前年の購買履歴

購買日	購買金額	購買日	購買金額
1月30日	16000円	8月31日	1000円
2月6日	7500円	10月2日	4000円
4月10日	10000円	12月15日	2000円
7月29日	5000円	12月17日	1000円

このときRFMの各値は次のように求められる。

Recency	1月1日から12月17日の「15日」
Frequency	購買が記録されている日数である「8日」
Monetary	購買金額の合計である「46500円」

例えばそれぞれの指標の平均が「30日」「10日」「30000円」であれば，直近購買と購買金額ではそれなりによいが，来店回数においては多少促進させる余地があるともいえる。

また，RFMの値だけを比較しているだけでは分からないが，前半4回の一購買あたりの平均購買金額がおよそ10000円であるのに対して，後半4回については2500円に満たない。こうした購買の時系列変化についても目を向ける必要な場合があるので，データをどのように見るかについては慎重にする必要がある。

RFM分析からは各顧客についてR値，F値，M値が得られる。これらについて，ある基準でグループ分けし，それぞれのグループに応じたマーケティング活動を策定するということも有効である。例えば，(株) ジェリコ・コンサルティングではRFMの値をそれぞれ段階ごとにグループ分けしたRFMセルコード[37]を提唱しているが，そのうちRとFを3段階ごとに分けたクロス表を**顧客心理窓（カスタマー・ウィンドウ）**として表7.5のように整理している。そして，各組合せに対する適切な顧客アクションを示している。

表 7.5　顧客心理窓[36]

R＼F	上位	中位	下位
上位	信頼客 （大満足顧客） 結婚	信用客 （満足客） 婚約	試し客 （初体験顧客） お見合い
中位 A	不満発生客 （理由待ち顧客） 喧噪	事情発生客 （事情待ち顧客） 意見異客	無関心客 （自立心顧客）
下位	不信客 （拒絶顧客） 離婚	不満客 （変心顧客） 破談	他人客 （ライバル顧客） おつき合い拒否

ID付きPOSデータの1日から25日の購買履歴から各顧客のRFM値を求め，ヒストグラムと散布図をまとめたものが図7.4である。なお，Rの基準値は26日としている。

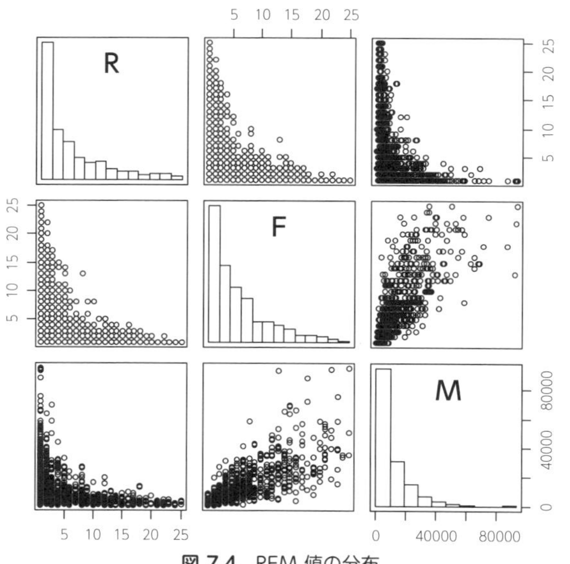

図 7.4　RFM 値の分布

R については小さい方が，また F, M については大きい方がよい。表 7.6 を基準としてそれぞれ 3 クラスに分ける。RFM のクラスの各組合せについて，26 日から 30 日の間に購買があったか否かについて検証した。購買のあった顧客の比率を図 7.5 に示す。ただし，いくつかの組合せは該当する顧客が極端に少ないため，表 7.7 に R と F の組合せについて，26 日以降の購買生起比率をまとめた。

表 7.6 RFM ランクの範囲

ランク	R	F	M
A	1 日前	1〜2 回	0〜4150 円
B	2〜5 日前	3〜6 回	4151 円〜12250 円
C	6 日前以前	7 回以上	12551 円〜

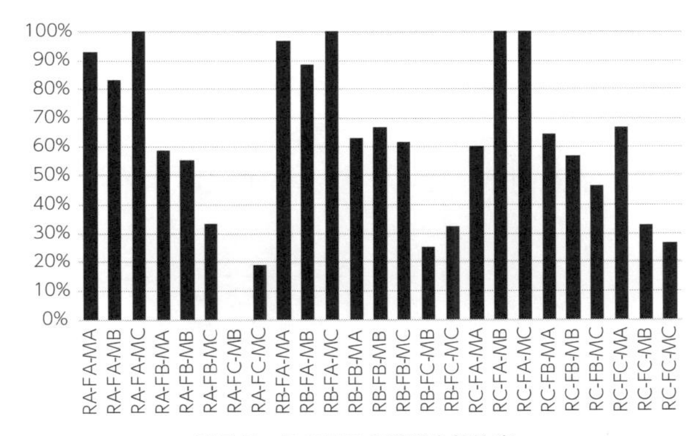

図 7.5 各クラスの購買生起比率

表 7.7 RF クラスによる購買生起比率

R ＼ F	FA	FB	FC
RA	91.0 %	52.5 %	14.3 %
RB	94.7 %	64.6 %	30.4 %
RC	81.8 %	54.7 %	28.5 %

この表を見ると，R が低いと再来店の比率が低くなる。ただし，R のスコアが高い RA で中位の RB より低くなるのは，購買後の期間がほとんど経過しておらず，再購買までは少し期間をあける傾向にあることを示しているものと思われる。

7.2.2 ● ロジスティック回帰分析による来店予測

前節の知見に基づき，どのような顧客が今後再来店するかについて統計モデルによって評価する。

このとき，4 章で説明した回帰分析をベースに，RFM 値を説明変数，再来店があるかどうかを目的変数としたモデルを考える。ただし，目的変数は再来店が「ある」か「ない」かという二値変数である。このときに用いられる分析手法が**ロジスティック回帰分析**である。

ロジスティック回帰分析では，目的関数の事象が生起する確率を考え，以下のようなモデルを考える。

$$p_i = \frac{\exp\left\{\beta_0 + \sum_{j=1}^{p} \beta_j x_{ij}\right\}}{1 + \exp\left\{\beta_0 + \sum_{j=1}^{p} \beta_j x_{ij}\right\}} \tag{7.6}$$

(7.6) 式の p_i は目的関数の事象が起こる確率であり，x_{ij} は説明変数，β_j はそのパラメータである（β_0 は切片）。このとき，目的関数の事象が起こらない確率は，

$$1 - p_i = \frac{1}{1 + \exp\left\{\beta_0 + \sum_{j=1}^{p} \beta_j x_{ij}\right\}} \tag{7.7}$$

となる。もし，p_i が確率 $(0 < p_i < 1)$ として与えられている場合，(7.6), (7.7) 式より，

$$\ln\left(\frac{p_i}{1 - p_i}\right) = \beta_0 + \sum_{j=1}^{p} \beta_j x_{ij} \tag{7.8}$$

となるため，確率を (7.8) 式の左辺のように変換すれば，通常の回帰分析と同様に最適なパラメータの値を求めることができる。

ただし，ケースごとに目的変数 y_i が 0 か 1 の二値で与えられている場合は，このような方法を用いるわけにはいかないため，7.4 節で説明するロジット・モデルと同様に最尤法によって解を求める。尤度は，

$$L = \prod_{i=1}^{n} p_i^{y_i} (1 - p_i)^{(1 - y_i)} \tag{7.9}$$

で与えられ，これを対数変換を行った，

$$\ln L = \sum_{i=1}^{n} \{y_i \ln p_i + (1 - y_i) \ln(1 - p_i)\} \tag{7.10}$$

を最大にするようなパラメータを求める。

ここでは前節と同様，ID 付き POS データに関して 25 日までの購買履歴から 26 日以降の来店の有無を評価するモデルを考える。前節から RFM はその後の来店に影響を与えていることが示唆されたため，これらの値を説明変数し，その後の来店の有無の予測モデルを考える。ただし，R については来店があった場合は直後の店には結びついていない，すなわちある程度の来店間隔も想定されることから，R に関しては放物線で考える。そこで，各顧客について，R に加えて，その 2 乗の項を説明変数として採用する。F ならびに M については 25 日間までの累積値を求める。表 7.8 にデータの例を示す。なお，最終列は 26 日以降来店があれば 1，そうでなければ 0 であり，M の値は 1000 で除している。また，25 日までの購買履歴がない ID は除いている。

表 7.8 ロジスティック回帰分析用データ

ID	R	R^2	F	M	再来店
1001	1	1	20	2.91	1
1002	8	64	13	1.99	0
1004	2	4	8	2.23	1
1005	3	9	7	1.76	1
1006	1	1	7	1.24	1
1007	1	1	8	1.83	0
1008	3	9	7	1.45	1
1009	2	4	7	1.67	1
1010	11	121	1	3.63	0
1011	3	9	14	1.40	1
⋮	⋮	⋮	⋮	⋮	⋮

このデータを用いたロジスティック回帰分析の結果を表 7.9 に示す。

表 7.9 ロジスティック回帰分析の結果

係数	偏回帰係数	標準誤差	t 値	P 値
切片	−1.877	0.309	6.081	1.72×10^{-9}
R	0.056	0.046	1.199	0.231
R^2	−0.002	0.002	−0.968	0.333
F	0.429	0.039	11.076	6.35×10^{-27}
M	0.064	0.059	1.077	0.282

この表を見ると，F 以外の係数の P 値は 0.05 を上回っているので説明変数として採用するかについては注意を要するが，R と R^2 の係数について平方完成すると，

$$-0.002\mathrm{R}^2 + 0.056\mathrm{R} = -0.002(\mathrm{R} - 14)^2 - 0.392 \qquad (7.11)$$

となり，前回の来店から 14 日まで来店確率が上がり，その後は下がるという結果が得られる。このように，説明変数を工夫することによって線形以外の関係についても評価することができる。なお，実際の来店の有無とロジスティック回帰分析から得られる予測確率との関係を図 7.6 の箱ひげ図および表 7.10 の**混同行列**にまとめる。再来店の有無について図 7.6 の箱の領域が重なっておらず，また正答率は，

$$\frac{293 + 437}{293 + 94 + 145 + 437} = 75.3\%$$

と比較的高い。

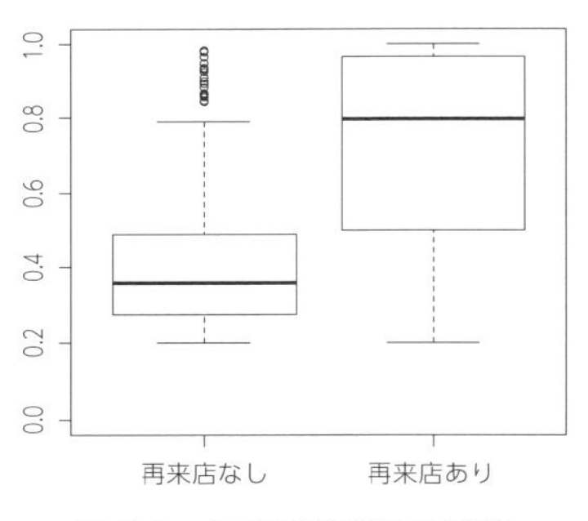

図 7.6　クラス別予測来店確率

表 7.10　来店の有無と予測確率の混同行列

実際＼予測	再来店なし	再来店あり
再来店なし	293	94
再来店あり	145	437

7.3 因子分析・共分散構造分析による顧客の潜在的ニーズの構造分析

顧客のライフスタイルや生活意識の本質的な特徴や特質を把握することができれば，より深い顧客理解ができ，より効果の高いマーケティング施策や CRM につなげられることが期待できる。しかし，顧客の心理的状態は本来は直接測定することはできない。そこで，従来から顧客を観察したりアンケート調査によって，表出しない顧客の心理に迫ろうと考えられてきた。特に心理学の様々な分野

では，人間の潜在的因子を抽出する研究が行われており，因子分析を中心とした学問体系が確立されている。

これまで述べてきたように，マーケティングは顧客を理解し，顧客のニーズに合致した商品やサービスの提供を通じて，顧客とのより長期の良好関係を維持することで企業を発展させていく活動である。

したがって，その出発点である顧客の理解はなによりも重要である。このような観点から，心理学を中心として開発されてきた分析手法をマーケティング分析に利用していこうという研究が広く行われている。

以下では，因子分析およびその発展形ともいえる共分散構造分析を用いた潜在意識の分析手法について紹介する。

7.3.1 ● 因子分析による潜在因子の抽出

因子分析は，アンケート項目への回答のような観測された変数が，その背後にある観測できない潜在的な因子からどれだけ影響を受けているかを分析する手法である。すなわち観測される人間の選択行動や人間が下す評価は，その深層にその人の本音や本質的な少数の特徴がありそこから影響を受けていると仮定し，その本質的な特徴（これを**潜在因子**という）をあぶり出そうという手法である。

第2章で紹介した アンケート・データ において「社会的価値 (x_1)」から「成長 (x_8)」までの8つの質問項目への回答を用いて，就業状況の満足度に関する因子分析を行う。ここでは，予備分析として主成分分析を行った結果から3因子モデルを仮定する。このとき，因子モデルの構造は図 7.7 のようになる。

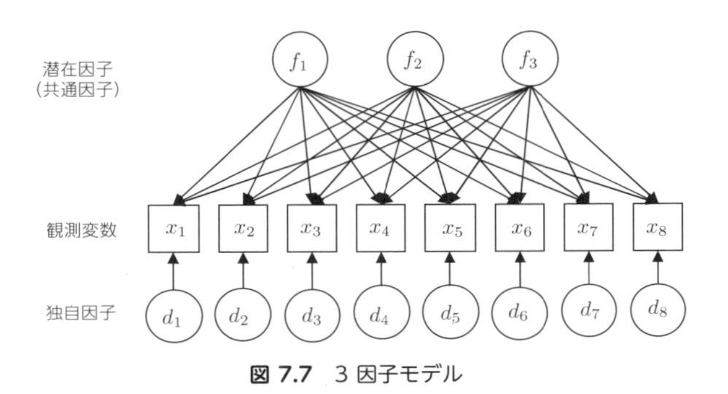

図 7.7 3因子モデル

図 7.7 で示すように，各観測変数は3つの潜在的因子である**共通因子**から影響を受けその値が決まる。ただし，共通因子では説明しきれない部分を**独自因子**と

する。したがって，例えば観測変数 x_1 は次のように表現できる。

$$x_1 = a_{11}f_1 + a_{21}f_2 + a_{31}f_3 + d_1 \tag{7.12}$$

a_{11}, a_{21}, a_{31} を**因子負荷量**といい，共通因子から観測変数への影響を表す。f_1, f_2, f_3 を**因子得点**といい，各回答者が持つ共通因子の強さを表しており，回答者ごとに求まる。d_1 は x_1 に関する独自因子であり，共通因子で説明できない情報が含まれる。

因子分析ではこのような因子構造を仮定した上で，共通因子を抽出・評価することで，アンケート内容に関する本質的な特徴を把握しようとする。そして，各回答者の因子の強さから回答者の特徴を明らかにする手法である。

因子分析の数理的モデル背景については付録で説明するが，因子分析では一度求めた因子から軸を回転させることにより，関係する観測変数の数を限定することで因子の特徴を明確し，因子の解釈を容易にするということが一般に行われる。

因子の回転に当たっては，当初求めた因子の仮定の通り因子同士が無相関で直交した状態を保持する**直交回転**と，因子間相関を許す**斜交回転**がある。

直交回転，斜交回転の代表的な手法としてはそれぞれ**バリマックス回転**，**プロマックス回転**が知られているが，それ以外にも表7.11に示すような様々な回転方法が提案されている。どの回転方法を採用するかについては決定的な方針はないが，直交回転をしても各因子に少数の観測変数と強く関係しないなど，因子の抽出がうまくいかない場合は斜交回転を試みるなど，試行錯誤をしながらよい因子構造を探していく。

表 7.11　因子の回転方法

直交回転	斜交回転
バリマックス	プロマックス
クォーティマックス	コバリミン
エカマックス	クォーティミン

表7.12は因子の初期解であり，表7.13はバリマックス回転後の因子負荷量を表している。2つの表の累積寄与率を見るといずれも3因子で69%の情報を含んでいるが，回転前は第1因子の寄与率が際立って高く，またすべての因子負荷量が他の因子に比べて値が大きい。それに対して回転後は第1因子は最初の4つの因子，第2因子は続く2つの因子，第3因子は最後の2つの因子の因子負荷量

が高く，影響の大きい観測変数からそれぞれの因子の特徴を評価することができる。回転後の因子を採用すれば，このアンケートにおける就業充実度については背後に3つの潜在因子を持っており，回答者の因子得点の違いにより，どういった項目で労働環境に充実を感じているかを測ることができる。例えば第1因子は仕事の結果から得られる満足感が関係しているので「成果因子」，第2因子は社内での自分のあり方に関係しているので「肯定因子」，第3因子は外部に向けた評価を表しているので「外部評価因子」というように各因子を命名することができる。

関係の強い各因子負荷量が正の値であることから，各因子の因子得点が高い回答者は，その因子を強く持っていることになる。値の違いから各回答者の特徴の差異を比較することができる。

表 7.12　因子負荷量（回転前）

	第1因子	第2因子	第3因子
達成感	0.768	−0.223	−0.277
顧客の満足	0.747	−0.228	−0.196
仕事への誇り	0.719	−0.299	−0.146
成長	0.627	−0.294	0.081
適切な評価	0.665	0.730	−0.155
健康的	0.572	0.381	−0.080
社会的価値	0.830	0.071	0.364
周囲への影響	0.793	−0.026	0.327
固有値	4.145	0.962	0.413
寄与率	51.8%	12.0%	5.2%
累積寄与率	51.8%	63.8%	69.0%

表 7.13　因子負荷量（回転後）

	第1因子	第2因子	第3因子
達成感	**0.780**	0.258	0.202
顧客の満足	**0.730**	0.223	0.259
仕事への誇り	**0.724**	0.139	0.290
成長	**0.548**	0.040	0.430
適切な評価	0.131	**0.974**	0.183
健康的	0.221	**0.618**	0.218
社会的価値	0.349	0.374	**0.752**
周囲への影響	0.395	0.284	**0.707**
固有値	2.310	1.688	1.522
寄与率	28.9%	21.1%	19.0%
累積寄与率	28.9%	50.0%	69.0%

因子分析は，主成分分析と同様に固有値問題に帰着されるため，固有値にもとづく寄与率が求められる。因子回転前の表 7.12 では第 1 因子が最も高い寄与率であるのに対し，回転後の表 7.13 では，3 因子とも似た値になっている。これは，軸に含む情報量よりも観測変数との関係を明確にすることを目的としているためである。ただし，回転前と回転後では累積寄与率は変わらず，いずれも 3 因子で説明できる情報量に違いはない。

7.3.2 ● 共分散構造分析による因子間因果関係の分析

因子分析は，背後の因子を抽出し評価しようという手法であるが，あくまで潜在的な因子の抽出が目的であり，それらの間の因果関係までは踏み込めない。因子の抽出に加えて，因子間の相互関係や因果関係まで含めた評価をしようという分析手法が**共分散構造分析**もしくは**構造方程式モデル**である[26)]。少し乱暴な表現ではあるが，因子分析と相関分析，重回帰分析を一度にモデル化し分析しようという方法といえる。共分散構造分析では潜在因子と観測変数，また因子間の因果関係や相関関係をそれぞれ片矢印や両矢印で表し，変数全体の関係性を図で表すことも多い。

ここでは アンケート・データ を用い，先ほどの因子分析で求めた 3 つの因子を説明変数，そして表 2.2 の右 2 列 (y_1, y_2) を目的変数とした共分散構造分析モデルを考えよう。図 7.8 は今回作成した共分散構造分析モデルであり，目的変数についても 2 つの項目の共通因子を設定した。片矢印については矢印の元の変数から矢印の先の変数に影響を与える関係，つまり因果関係を表している。また，両矢印は相関関係を意味している。なお，因子間相関を仮定したので f_1, f_2, f_3 には相関関係があるものとした（ただし，図が煩雑になるため省略している）。そして，因子分析から関係の強い項目間のみパスを残した 3 つの因子から，会社への意識の潜在因子から f_4 へ影響を考慮するモデルとなっている。なお，図中の e_i は独自因子に相当するものである。

この図から，例えば「達成感」については，

$$\text{達成感} = \alpha_1 f_1 + e_1 \tag{7.13}$$

という関係が仮定され，因子間には，

$$f_4 = \beta_1 f_1 + \beta_2 f_2 + \beta_3 f_3 + e_{11} \tag{7.14}$$

という因果関係を評価することになる。なお，独自因子からの影響を除く各パラメータの値（ただしここでは標準化係数を示した）を各パス上に表記した。目的

変数 f_4 に対して影響が大きいのは f_1（成果因子）からであり，仕事の達成感や仕事への誇りが就業満足度につながっていると評価される。

共分散構造分析のモデルの良し悪しは，元の共分散行列に対する誤差もしくは共分散の再現精度で評価されることが多い。誤差については **RMSEA** (root mean square error of approximation) という，モデルの分布と真の分布の差異を自由度 1 つあたりの量で表した指標がよく用いられる。この値が 0.05 以下であれば十分なモデルということが言える。後者について適合度指数としては **GFI** (goodness of fit index) もしくは **AGFI** (adjusted goodness of fit index) が用いられ，GFI が 0.9 以上で AGFI が GFI よりも著しく小さくならなければ，適切なモデルと判定されることが多い。なお，この例の場合，RMSEA=0.054, GFI=0.922, AGFI=0.851 であり，もう少し回答を増やして層別に分析するなどの工夫が必要かもしれない。

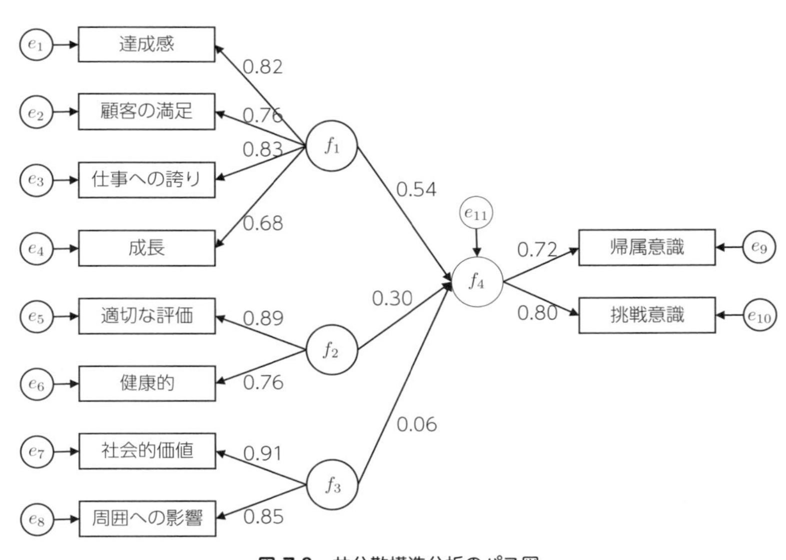

図 7.8　共分散構造分析のパス図

7.4 確率選択モデルによる購買行動モデル

ブランド力がある商品は市場からの支持が高い，価格が安くなると購買意向が高まる，といった商品選択において共通して当てはまる要因が考えられる。一方で，様々な要因でその時々で商品への態度や評価も変わる。こうした個人差を分析モデルに含めて分析することを考える。

多項ロジット・モデルは，各選択機会に複数の対象のうちから一つが選択されることを想定した**離散選択モデル**の一種であり，選択に影響を与える共通要因に加えて，個人差を考慮した**確率選択モデル**である[13)]。

選択される商品の候補が m 個ある状況を考える。購買機会 t において選択候補商品の中から商品 i が選ばれるとき，商品 i の効用，すなわち好ましさの評価値 U_{it} が他のすべての候補商品の効用よりも高い。したがって，

$$U_{it} > U_{jt}, \quad \forall j \neq i \tag{7.15}$$

の場合に商品 i が選択される。このとき確率選択モデルでは，商品の効用をいくつかの共通要因を持つ確定的効用と，購買時の状況や個人差といったモデルに含まれない要因をまとめて，ある確率分布に従う確率変数として表される確率的効用の和として表現する。すなわち，購買機会 t における商品 i の効用 U_{it} を確定的効用 V_{it} と確率的効用 ε_{it} により，

$$U_{it} = V_{it} + \varepsilon_{it} \tag{7.16}$$

として表される，したがって，商品の効用も確率変数となるため，最も高い効用を持つ商品は常に同じではない。ここで，(7.15) 式が成り立つ確率は，確率的効用 ε_{it} が独立であるならば，

$$\Pr\{U_{it} > U_{jt} | \forall j \neq i\} = \prod_{j \neq i} \Pr\{U_{it} > U_{jt}\} \tag{7.17}$$

となる。多項ロジット・モデルでは確率的効用が独立で同一の二重指数分布に従うと仮定する。このとき，購買機会 t における商品 i の選択確率は次のように吸引力モデルの一種として得られる。多項ロジット・モデルの導出の詳細については付録を参照いただきたい。

$$p_{it} = \frac{\exp\{V_{it}\}}{\displaystyle\sum_{j=1}^{m} \exp\{V_{jt}\}} \tag{7.18}$$

すなわち，各商品の選択確率は指数変換された確定的効用に比例する。

なお，前述の通り確定的効用 V_{it} は価格や広告の有無，商品のブランド力といったいくつかの共通要因によって表現される。V_{it} が p 個の要因 x_{ikt} $(k = 1, 2, \cdots, p)$ の線形結合によって表されるならば，

$$V_{it} = \sum_{k=1}^{p} \beta_k x_{ikt} \tag{7.19}$$

となる。これを，(7.18) 式に代入すると，選択確率はパラメータ β_k $(k = 1, 2, \cdots, p)$ の関数となる。

そして，すべての購買時点での選択商品の同時購買確率を尤度とした最尤法により，これらの最適パラメータを求める。その結果から，各要因がどのくらい選択行動に影響を及ぼしているかなどを考察することができる。

表 7.14 は，商品選択データの一部であり，3 種類のナショナル・ブランド (A, B, C) とプライベート・ブランド (PB) に関するデータである。なお，購買機会は 200 ケースあり，選択比率は A : B : C : D = 52.5% : 23.5% : 3.0% : 42.0% である。全般に価格は PB が安く変動も少ない。そのほかの商品はそれぞれ価格に変動があるが，シェアは大きく異なる。

表 7.14 多項ロジット・モデルのためのデータ

購買商品	価格				チラシ			
	A	B	C	PB	A	B	C	PB
A	238	228	238	178	0	1	0	0
A	158	228	178	158	0	0	0	0
A	178	238	238	178	1	0	0	0
⋮	⋮	⋮	⋮	⋮	⋮	⋮	⋮	⋮
A	198	228	238	158	0	0	0	0
A	198	208	238	178	0	0	0	0
PB	228	228	178	158	0	0	0	0

1 列目が 4 つの商品の中から選択されたブランドを表している。各行が各購買機会を表しており，2 列目から 5 列目は購買機会における各商品の価格を，6 列

目から 9 列目はチラシ掲載の有無を表しており，この二つの項目を多項ロジット・モデルの変数 (*price*, *flyer*) として取り上げる。さらに，各商品固有のブランド力をブランドごとの切片として含める。商品 i の購買機会 t の確率的効用は，

$$V_{it} = \beta_i + \beta_{price} \times price_{it} + \beta_{flyer} \times flyer_{it} \tag{7.20}$$

として表すことができる。

全 200 購買機会について，同時確率である尤度を最大にするようなパラメータを求めると表 7.15 のようになる。なお，ブランド固有の切片については，択一であるため PB の列を削除して計算しており，PB の切片を 0 とした時の他の商品の切片の相対的な値となっている。分析結果は回帰分析と同じように得られる。結果から，価格のパラメータについては負の値，すなわち価格が下がるほど選択されやすくなり，またチラシについては正の値であるので，チラシに当該商品が計算されることで選択確率が上がる。ブランド力については，商品 A, B についてはかなり高く，高価格であっても選択確率が高いことにつながっている。これに比べて商品 C は PB との有意差がなく，価格が高い分だけ選択されにくい。

表 7.15　多項ロジット・モデルの推定結果

変数	係数	z 値	P 値
商品 A（切片）	2.428	8.170	2.22×10^{-16}
商品 B（切片）	1.630	5.112	3.20×10^{-7}
商品 C（切片）	0.114	0.224	0.823
価格	−0.036	−7.524	5.33×10^{-14}
チラシ	1.516	4.045	5.23×10^{-5}

第8章

顧客志向のアプローチ

「前章では顧客そのものに焦点をあて，顧客のニーズや嗜好を掘り下げて理解する分析手法や，顧客ごとの個人差を考慮した購買行動モデルを紹介した。実際のマーケティング活動では，分析の次の段階，すなわちマーケティング施策を実行するかが重要である。すなわち，企業がどの顧客に何をどのようにアプローチすれば顧客満足を向上することができ，売上や利益を獲得できるかということを考えて実施していかなければならない。本章では，顧客とのマーケティング活動の関係に関する分析について紹介する。もちろん前章までに紹介した手法による分析結果からもアプローチは可能であるが，本章ではさらに発展的な方法について紹介する。」

8.1 ターゲティング戦略の策定

前章では，セグメンテーションの方法について述べた。個人属性以外にもライフスタイルや行動といった基準で市場を分割することで，購買行動や嗜好が異なるような顧客のグループを識別することができる。

第1章で紹介したSTPフレームワークにもあるように，分割された市場すなわちセグメントに対して，自社や自店舗がどのセグメントの顧客に対してより深くアプローチしていくかを決めようというのがターゲティングである。顧客の嗜好が多様化している現在においては，市場全体に対して同一のアプローチを取ることは非効率である場合が多く，顧客の行動や嗜好に合わせた別々のアプローチを取ることが求められる。もしも，すべてのセグメントに合わせたアプローチができれば市場全体に対して効果的なマーケティング施策を実施できるが，企業の資源やコストは有限でありそうしたことができない場合も多い。その場合は，分割された複数のセグメントのうち自社にとって魅力的な一部のセグメントに注力するマーケティング施策を立案する方が効果的である。

このように市場環境や自社の経営資源を考慮しながら，自社がマーケティング活動の対象とするセグメントを明らかにしようというのが**ターゲティング**である。

ターゲティングの方法については，様々なアプローチがあるが，セグメントごとの自社との関係，すなわち購買回数の違いや，認知度，ロイヤルティなどを測定・分析し，効果の高い，もしくは企業のマーケティング戦略的に重要と考えられるセグメントを見つけ，自社のターゲットとする。

ターゲットの絞り方については，図8.1のように企業の規模や競合他社との関係などを考慮して最適な方法を採用する。

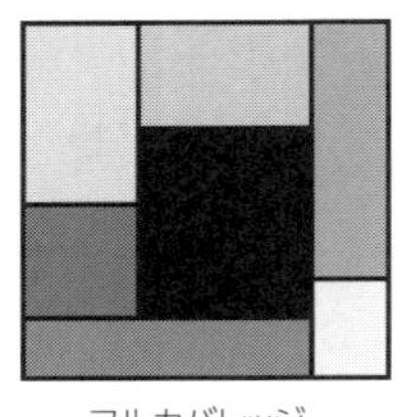

フルカバレッジ
アプローチ

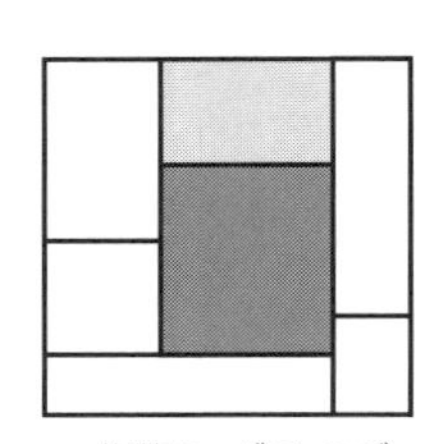

複数ターゲティング
アプローチ

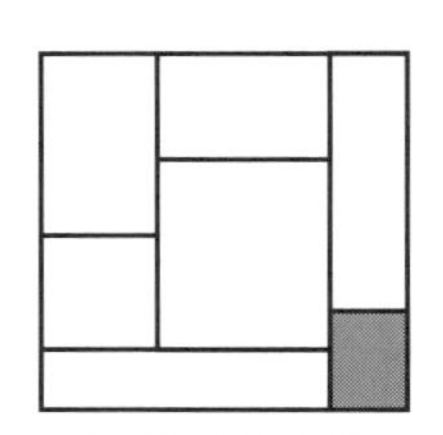

単一ターゲティング
アプローチ

図8.1　ターゲティングの考え方（文献[20]をもとに筆者作成）

図 8.2 は，ID 付き POS データにおける，時間ごと（9 時〜21 時）の全購買における性別・年代別の顧客の人数構成比率である。なお，男女 10 代以下と 90 代以上と性別不明の顧客による購買は「その他」としてまとめている。グラフで隣り合う棒を結ぶ区分線は性別の境界であり，下から男性，女性，その他を表している。また，各性別とも若年層が下に位置している。客層の中心は 30 代から 50 代の女性であるが，夕方以降は特に 50 代の女性の割合が減ってくることが分かる。さらに，夜間の時間帯は男性の構成比率が上昇することが分かり，店舗の顧客像が大きく変わることが分かる。夜間の時間帯は顧客数，購買金額とも日中に比べると大きく下がるが，日中とは異なるニーズがある可能性も十分考えられるので，顧客層の違いに合わせた商品展開やアプローチを考えることで新たな購買意欲を喚起できる可能性もある。このように同じ店舗でも場合によって顧客像が異なるので状況に応じたターゲティングも必要になる。

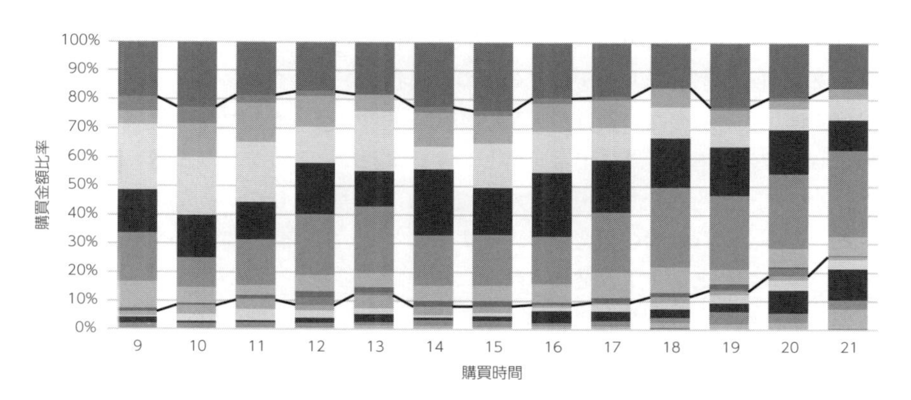

図 8.2　時間帯別顧客層

8.2 対応分析による売り場配分策定

小売店の店舗の棚の獲得競争は近年ますます激化している。ECサイトと異なり，店舗に配架できる商品の数は棚の数が制約となるため，店舗経営の視点からは，どのようにすれば棚効率，すなわち棚の商品の在庫期間を短くできるかを考えなければならない。もちろん店舗の特徴によって，分析の結果からは死に筋商品と判断されても，あえて置いておかなければならない商品もあろうが，店舗全体での効率を考えれば，できる限り売行きの良い，もしくは回転の早い商品を置きたいと考えるであろう。

ここで，紹介する**対応分析**は**コレスポンデンス分析**とも呼ばれ，クロス集計表から行の項目と列の項目の関係，すなわち相関が最大になるように，行と列それぞれを並び替えるためのスコアを求める分析である。集計項目順に集計されたデータ行列から，各セルのデータの値の出現状況が近くなるように並び替える。

例えば，表8.1の左の表は，5人の顧客が4つの商品カテゴリの商品購買実績を表したものである。ここでは理解しやすいように，各カテゴリの購買があったか否かのデータを用いてあり，1は購買した，0は購買しなかったことを示している。ここで，行と列の相関を最大にすることは，対角線上になるべく1が集まるように表の行と列を入れ替えることになる。

表8.1　対応分析の例（左：元のデータ，右：入替え後のデータ）

	農産	畜産	水産	惣菜
顧客1	0	0	1	1
顧客2	1	0	0	0
顧客3	1	1	1	0
顧客4	1	1	0	0
顧客5	0	1	1	0

	惣菜	水産	畜産	農産
顧客1	1	1	0	0
顧客5	0	1	1	0
顧客3	0	1	1	1
顧客4	0	0	1	1
顧客2	0	0	0	1

対応分析は，こうした入れ替えをするためのスコアを行と列それぞれに対して求める方法である。

ここで，表8.1の左の表のデータから対応分析を行うと，次のような行スコアと列スコアを得る。

$$(r_{\text{顧客 }1}, r_{\text{顧客 }2}, r_{\text{顧客 }3}, r_{\text{顧客 }4}, r_{\text{顧客 }5}) = (-1.809, 1.244, 0.308, 0.886, -0.160) \tag{8.1}$$

$$(c_{\text{農産}}, c_{\text{畜産}}, c_{\text{水産}}, c_{\text{惣菜}}) = (1.006, 0.426, -0.685, -2.239) \tag{8.2}$$

このとき，これらのスコアの小さい順に行と列を並び替えたものが，表 8.1 の右の表である。左の表と比較して，1 の値が対角線周辺に集まっていることが分かり，隣り合う顧客同士の購買のパターンも近いことが分かる。こうした結果を配架位置やプロモーションに活かすこともできよう。

対応分析の数理的背景の詳細については，付録に掲載する。

ID 付き POS データ に関して，第 4 章の表 4.7 から年代ごとに購買傾向に差があることが分かったので，どの年代がどのカテゴリを比較的購買しやすいのかについて対応分析を通じて評価する。表 4.7 のデータに対して対応分析を行い，第 1 軸と第 2 軸を採用すると，表 8.2 のような行スコアと列スコアを得る。上述したようにこれらの値の順に並び替えてもよいがここではスコアを座標として，その座標をグラフに描くと図 8.3 が得られる。この結果から，畜産を除く生鮮品は比較的高齢者層に近く，酒類，穀物類は 30 代，40 代に近い。高齢者の生活スタイルとして例えば小分けにして販売をしたり，商品カテゴリごとの主要ターゲットを定めるといった計画立案に利用できる。

表 8.2 対応分析の行スコアと列スコア

行スコア	第 1 軸	第 2 軸
20 代	−0.741	−0.489
30 代	−0.883	−0.584
40 代	−0.846	−0.382
50 代	−0.392	1.082
60 代	1.228	−1.452
70 代	1.761	1.303
80 代	0.207	1.003

列スコア	第 1 軸	第 2 軸
農産	1.090	−1.068
水産	1.740	0.903
畜産	−0.224	−0.685
穀物類	−1.206	−0.951
惣菜	0.255	1.754
即席食品	−0.979	1.298
加工食品	0.577	0.023
菓子	−1.293	−0.042
飲料	−0.968	0.406
酒類	−1.528	−1.809

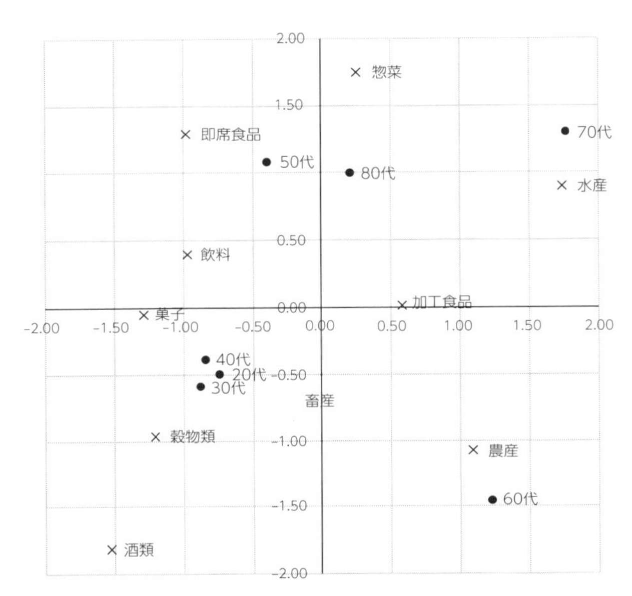

図 8.3　対応分析の結果

8.3　顧客へのレコメンデーション

EC サイトが成長した大きな理由に，24 時間いつでもどこからでも購買できるという利便性もさることながら，実店舗をはるかに凌駕する品揃えにある。顧客にとっては，豊富な商品から自らのニーズに合致したものをワンストップで購買できるという利点がある。

しかし反面，ディスプレイに商品を表示する必要があり，実店舗と比べて視界に入れられる商品数は少ない。ディスプレイに表示されない限りは商品を選択することはできないため，膨大な数の商品から購買したい商品を検索し絞り込む作業が必要になる。

こうした問題を解決するために多くの EC サイトでは，**レコメンデーション**を行っている。レコメンデーションは推薦を意味し，顧客が当該サイトを訪問したとき，もしくは検索の過程で顧客が欲しいと推定される商品を優先的に表示することで，顧客の検索の手間を減らそうというものである。さらには，顧客が知らない商品を表示して認知させたり，顧客自身が認識していない潜在的ニーズに対して先回りしてアプローチすることもできる。また，レコメンデーションされる商品は顧客ごとに異なり，ワン・トゥ・ワン・マーケティングを実現する手段の一つでもある。

もちろん実店舗においても購買データなどから顧客の利用状況やニーズを把握することはできる。例えば，会計時に次回利用できるクーポンを発行することで次回の購買を喚起するといったことは可能である。これに対して EC サイトでは，サイト訪問者の過去の購買や検索履歴などがデータベースに蓄積されており，これらのデータを用いた行動パターンや嗜好の推定につなげられる。また，購買時点でなくサイト内での閲覧時にリアルタイムに商品をレコメンドするといった，実店舗にはないマーケティングも可能である。

代表的なレコメンデーション手法を以下に紹介する。

コンテンツ・ベース・レコメンデーション

例えば，液晶テレビとブルーレイ録画再生機といったように，商品同士が組み合わされて利用されることを想定したレコメンデーションが**コンテンツ・ベース・レコメンデーション**である。商品間での共通の使用場面や組み合わせて利用することが想定されるといった，商品間にある種の共通性がある場合に，その共通度の高いアイテムをレコメンドするという方法である。

協調フィルタリング

協調フィルタリングは，顧客の購買履歴や閲覧履歴などから，類似する他の顧客が購買している商品を推薦しようという方法である。コンテンツ・ベース・レコメンデーションと違い，商品情報を考慮しなくてもレコメンデーションを行うことができるという特徴を持つ。

協調フィルタリングは顧客の行動・購買履歴からレコメンドする商品を抽出するが，商品間の類似度を用いる**アイテム・ベース協調フィルタリング**と，顧客間の類似度を用いる**ユーザ・ベース協調フィルタリング**がある。

表 8.3 は協調フィルタリングによりレコメンドする商品を決める例である。この例ではユーザ・ベース協調フィルタリングを用いる。今，10 個の商品を対象としており，購買履歴がある場合は 1，そうでない場合は 0 となっている。そして今，顧客 A に対して購買していない商品のうちどれを推薦するかを決める。顧客 A 以外に比較対象として顧客 B, C, D がおり，それぞれの購買履歴も表に示している。

表 8.3　ユーザ・ベース協調フィルタリングの例

顧客	商品										類似度
	1	2	3	4	5	6	7	8	9	10	
A	0	1	0	0	0	0	1	1	0	0	—
B	0	1	1	0	0	1	1	1	0	0	0.60
C	1	1	0	0	1	1	0	1	1	1	0.25
D	0	1	1	1	0	0	1	1	0	1	0.50
得点	0.25	—	1.10	0.50	0.25	0.85	—	—	0.25	0.75	

ユーザ・ベース協調フィルタリングでは，最初に対象の顧客とそれ以外の顧客の類似度を計算する。この例では，6.3 節の相関ルール分析で紹介した (6.7) 式の jaccard 係数を用いている。例えば顧客 A と B の類似度は，A もしくは B が購買した 5 つの商品に対して A と B いずれもが購買した 3 つの商品の割合，すなわち 0.60 を類似度としている。また，顧客 A と C および顧客 A と D の類似度はそれぞれ 0.25, 0.50 である。

この類似度を各ユーザの重みとして，商品ごとに重みを乗じた点数の合計をレコメンドの得点とする。したがって，例えば商品 3 の得点は，

$$0.6 \times 1 + 0.25 \times 0 + 0.5 \times 1 = 1.1$$

となる。対象の顧客 A が購買していない商品について，商品ごとにこの得点を計算する。そして，上位の商品をレコメンド対象とすればよい。

このようにユーザベース協調フィルタリングでは，顧客ごとに顧客間の類似度が異なるため，レコメンドのための得点も異なってくる。結果として，顧客ごとにレコメンドする商品が異なる。

レコメンデーションの分析例として ID付きPOSデータ を用いた協調フィルタリングを行う。対象カテゴリは大カテゴリ「加工食品」にある 84 の小カテゴリであり，対象顧客は前半 15 日間に加工食品の小カテゴリのうち 5 カテゴリ以上の購買履歴のある 320 人である。

最初に，顧客ごとに対象期間の加工食品の小カテゴリの購買の有無について集計する。購買カテゴリ数ごとの人数は表 8.4 の通りである。

表 8.4 購買カテゴリ数と顧客数

購買カテゴリ数	顧客数	購買カテゴリ数	顧客数	購買カテゴリ数	顧客数	購買カテゴリ数	顧客数
5	73	10	18	15	7	20	1
6	55	11	18	16	7	21	1
7	36	12	17	17	3	22	1
8	36	13	9	18	2	23	2
9	20	14	11	19	2	24	1

各顧客について，他の 319 人との類似度を算出する。類似度は顧客の購買データをベクトルとして表した時の方向の一致度を評価した (7.4) 式の cosine 類似度を用いた。

こうして求められた類似度から，上記と同様の方法で各カテゴリの得点を求めた。各顧客について分析対象期間に購買していない小カテゴリの上位 10 カテゴリをレコメンド対象として抽出した。

なお，比較対象として，各小カテゴリの買上率，すなわち対象となる 320 人のうち何人が期間内に購買したかを求めてこれを得点として，各顧客について未購買の小カテゴリのうちの上位 10 カテゴリを同様に抽出した。

表 8.5 は買上率の上位 20 カテゴリである。

表 8.5 買上率上位カテゴリ

小カテゴリ名	買上率	小カテゴリ名	買上率
豆腐	75.0%	ドレッシング	20.0%
漬物	57.2%	カレールー	18.8%
納豆	54.7%	カニカマ	18.1%
油揚げ	49.7%	こんにゃく	13.8%
ヨーグルト	46.6%	煮豆	13.1%
チーズ	30.9%	和風調味料	12.5%
中華調味料	29.7%	ふりかけ	12.2%
おでん種	23.1%	味噌	12.2%
ちくわ	22.2%	中華だし	11.6%
佃煮	21.9%	その他調味料	11.3%

図 8.4 に協調フィルタリングと買上率上位によるレコメンド・カテゴリを比較する。また，前半期間でレコメンドされたカテゴリが，後半の 15 日間（16 日～30 日）の購買履歴に含まれていれば正解として，それぞれの方法によるレコメンドの正答率をレコメンド順位別に求めたものを図 8.5 に示し，比較する。

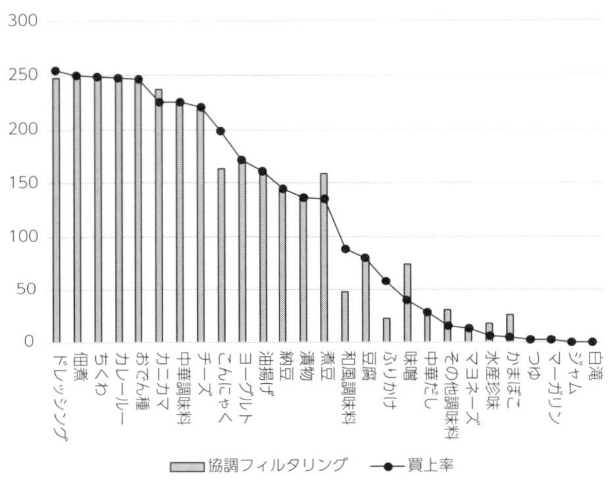

図 8.4　レコメンド・カテゴリ

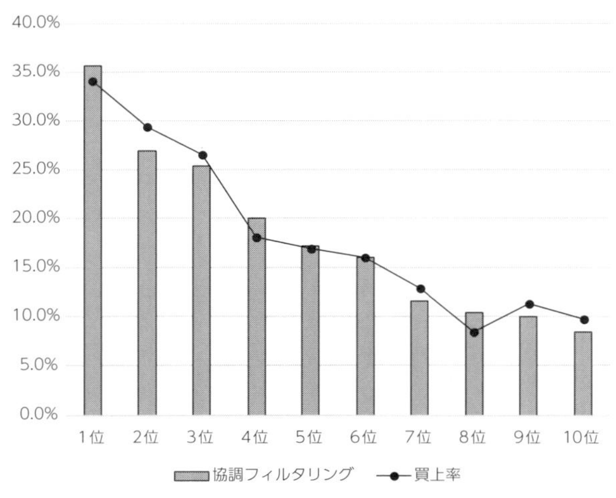

図 8.5　正答率の比較

これらの図から，いずれの方法も順位が高いほど正答率が高く，順位が下がるに従って正答率が下がる。いずれの方法も正答率には大きな差はなく，またレコメンド対象として頻出する最上位カテゴリも共通である。しかし，図 8.4 に見られるように，協調フィルタリングによるレコメンデーションでは，特に買上率が最上位ではないカテゴリに関する出現頻度が大きく異なる。買上率によるレコメンデーションでは，未購買カテゴリについて買上率の高いカテゴリを機械的に対象として決めるため，ある程度共通のカテゴリがレコメンドされる。これに対して，協調フィルタリングでは，買上率が非常に高い商品以外は，顧客間類似度による重みがレコメンド得点に大きく影響を与え順位が入れ替わったためレコメンド対象が変わったと考えられる。

また，買上率の高い「豆腐」などがあまりレコメンドされていないが，これは未購買顧客が少ないため，レコメンドの対象にならない場合が多いためである。

8.4 潜在クラス分析による顧客の多様性の評価

高度成長，情報化社会の進展は顧客の嗜好や行動の多様化を生んだ。例えば，商品選択においても，ブランド・ロイヤルティが高い顧客がいる一方で，価格感度の高い顧客もいる。ブランド・ロイヤルティや価格感度の違いはそのまま購買行動の違いにも現れる。多種多様な顧客を対象に，その購買行動をモデル化しようとしても，すべての顧客がある変数に対して同じパラメータの値を持つと考えることが妥当でない場合もある。すなわち，同じ市場の中にパラメータの値が異なる顧客が存在しており，市場を適切に分析しようという場合は，顧客間の差異を考慮しながらモデル化することが求められる。

潜在クラス分析では，こうした多様性の評価において，複数の異なるグループを仮定し，母集団はそれらのグループが混合したものであると仮定する。そして，それら複数グループを抽出しながら，各対象がどのグループの特徴をどれだけ持つかを推定するモデルである。例えば，顧客の生活意識や購買行動などについて異質性を考慮したいときに，いくつかの特徴の異なる代表的な潜在クラスを定め，各顧客のそれらの潜在クラスへの所属確率を求めることで，顧客ごとの特徴を表そうという場合に適用できる。例え潜在クラス数が少数であっても，所属確率の違いにより多様の表現が可能である（図 8.6）。

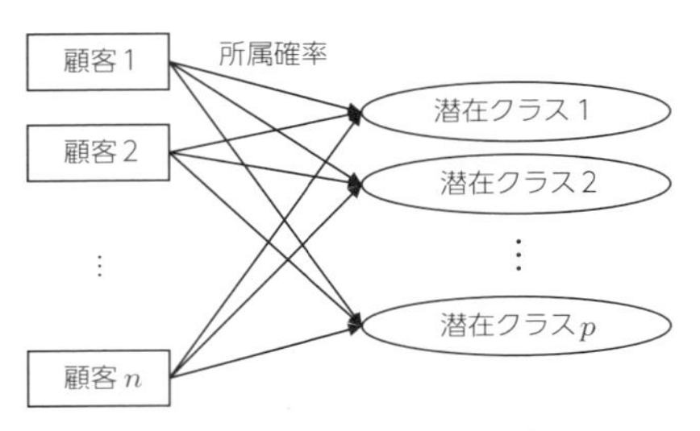

図 8.6　潜在クラス分析の概念図

潜在クラス分析では，各潜在クラスの特徴や行動を示すパラメータと，各分析対象の所属確率を同時に求めなければならず，多数のパラメータの推定が必要となる。これらすべてのパラメータを一度に解析的に求めることはできないため，一般には **EM アルゴリズム**を用いてパラメータ推定が行われる。

潜在クラス分析の一例として，**確率的潜在意味解析法** (probabilistic latent semantic analysis: pLSA) による購買志向の推定を行う。pLSA は 1999 年にホフマンが提唱した，文章解析で用いられてきた大規模データ分析手法である[3)]。膨大な文書データに含まれる単語の共起関係をもとに，少数のクラスを作成して，各クラスに文書，および単語の所属する確率を評価しようというものであり，主成分分析のような次元圧縮と，似たケースのクラスタリングを同時に行う分析である。本節の最初で説明した基本的な潜在クラスモデルとの違いは，文書と単語の両者について所属クラスを求めようというところにある。pLSA はトピック分析の一種であり，潜在クラスに所属する単語を通じて，代表的な特徴を抽出し，各文章がそれらのうちのどの特徴を持つかを評価する。

文書 i を x_i，単語 j を y_j とし，z_k を潜在クラスとする。このとき x_i と y_j の共起確率 $p(x_i, y_j)$ は条件付確率より，

$$p(x_i, y_j) = \sum_{k=1}^{K} p(z_k)p(x_i|z_k)p(y_j|z_k), \quad i = 1, 2, \cdots, n;\ j = 1, 2, \cdots, m \tag{8.3}$$

として与えられる。そして，右辺のそれぞれの項を推定する。pLSA の概念図を図 8.7 に示す。共起関係の強い単語およびそれを含む文書が高い確率で同じ潜在クラスに所属する。なお，pLSA に含まれるパラメータの推定も EM アルゴリズムを用いて行われる。

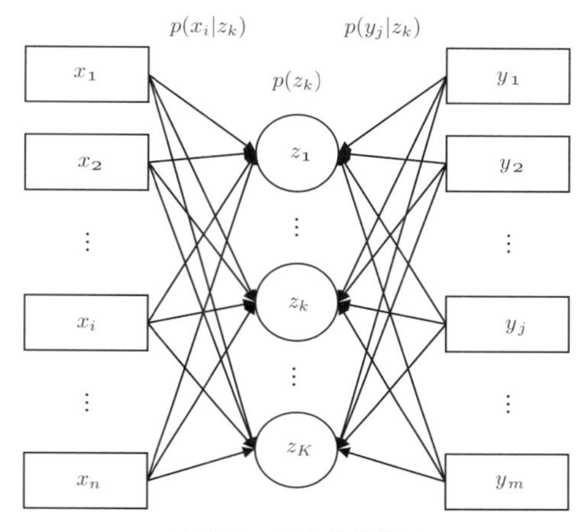

図 8.7　pLSA の概念図

pLSA で購買データを分析する場面としては，顧客ごともしくは購買ごとの同時購買商品の分析が挙げられる。ID 付き POS データにおいて，レシートをすなわち購買機会をケースとして，pLSA を行う。したがって，レシートが文章に，レシートに含まれる商品が単語に相当する。分析例として，大カテゴリの同時購買を分析する。このときレシートが上述の文章，大カテゴリが単語に相当する。

分析のためのデータとして，レシート i で大カテゴリ j の購買の有無に関する行列を作成する。潜在クラス数を 3 とした場合の $p(y_j|z_k)$ を表 8.6 にまとめる。この表は，各潜在クラスを構成するカテゴリの比率を表していることになる。

これと 5.3 節の ABC 分析を比べてみると，主要カテゴリについてそれぞれの潜在クラスに異なる所属確率になっていることが分かり，購買行動の多様性が確認できる。

なお，各潜在クラスの大きさ $p(z_k)$ は順に 16.1%, 42.0%, 41.9% である。購買機会についても同様に $p(x_i|z_k)$ を求めることができる。また，購買機会と潜在クラスの同時確率の関係式，

$$p(x_i, z_k) = p(x_i|z_k)p(z_k) = p(z_k|x_i)p(x_i), \quad i = 1, 2, \cdots, n;\ k = 1, 2, \cdots, K \tag{8.4}$$

から，

$$p(z_k|x_i) = \frac{p(x_i|z_k)p(z_k)}{p(x_i)} \tag{8.5}$$

が求まるが，この左辺は，各購買機会が各クラスに所属する確率となっている。

表 8.6　各潜在クラスにおけるカテゴリ所属確率

カテゴリ＼クラス	1	2	3
農産	0.0%	17.3%	15.3%
水産	0.0%	0.0%	19.2%
畜産	0.0%	12.9%	12.8%
乾物類	8.9%	0.0%	0.0%
穀物類	0.0%	16.2%	7.2%
加工食品	7.4%	15.6%	14.3%
即席食品	33.5%	0.0%	0.0%
惣菜	18.1%	0.0%	21.9%
菓子	0.0%	24.3%	0.0%
飲料	8.3%	13.8%	8.9%
酒類	23.8%	0.0%	0.0%
その他	0.0%	0.0%	0.4%
合計	100.0%	100.0%	100.0%

なお，各カテゴリについても同様に $p(z_k|y_j)$ を求めることができ，各カテゴリがどの潜在クラスに属するかを比較することができる。

したがって，この値を比較することによってどのように購買パターンがあるかを評価することができる。図 8.8 は 3 つの潜在クラス所属確率を表したヒストグラムである。これを見ると特定のクラスへ所属している場合が多いものの，複数のクラスに所属するような購買も数多くあることが分かる。

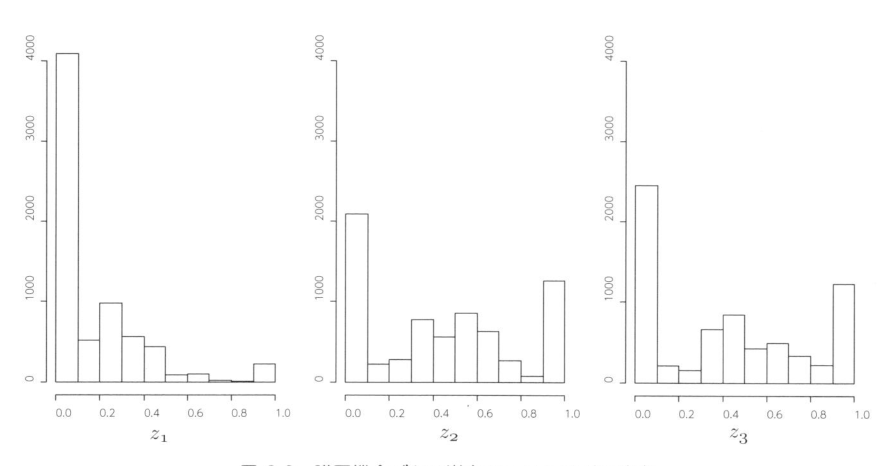

図 8.8　購買機会ごとの潜在クラスへの所属確率

また pLSA の結果から，

$$p(y_j|x_i) = \sum_{k=1}^{K} p(y_j|z_k)p(z_k|x_i) \tag{8.6}$$

が得られるが，これはレシート，すなわち購買機会 i でカテゴリ j を購買する確率となるため，購買確率の高いカテゴリをレコメンドするという利用方法もある。

第9章

ウェブ・マーケティング，SNSマーケティング

「インターネットの登場はマーケティング活動を大きく変えた。その一つはインターネット上のショッピング・サイト，すなわちECサイトによる新たな購買チャネルの登場である。マーケティングのデータ分析の立場からは，それまで購買記録という形でしか消費者行動を記録できなかったものが，アクセス・ログというウェブページの閲覧履歴によって，購買に至るまでの過程，すなわち検索や絞り込みの行動が把握できるようになったことは大きな変化といえる。また，消費者によるクチコミや様々なニュース記事など商品の売行きや評価を左右する文章がインターネット上には溢れている。さらにSNSは消費者同士をつなげ，情報のやり取りをするプラットフォームとして広く使われており，SNS上での情報を重視したマーケティング活動も注目されている。本章ではこうしたインターネット上のデータに着目し，マーケティング活動に活用する分析方法について紹介する。」

9.1 ネットワーク分析による消費者間の関係分析

マーケティング活動，特に情報の伝播においては，そのやり取りはメーカーや小売店と消費者の間だけでなく，消費者間での情報共有が広く行われるようになってきた。この背景には，インターネットの発展とともに，SNS やグルメ情報サイトといった，消費者同士をつないで情報のやり取りをするプラットフォームが登場したからに他ならない。従来は，クチコミと言えば，直接の知人同士が直接会ってリアルタイムに行うものであったが，SNS などを介すことによって場所の制限がなくなり，また文字や画像，動画といった様々なコンテンツを受発信できるようになった。

かつてはブログにおいて，アルファ・ブロガという強い情報発信力を持つ一部のブロガが注目された。メーカーは有効な情報伝達チャネルとして，こうしたブロガに優先的に情報を伝えて発信してもらうことで，マス広告とは異なる情報伝達ができたといわれている。

現在では，世界中の生活者が日々の生活状況や日ごろ思ったことを SNS を通じて気軽に発信できる。また，SNS 上においても広告配信は行われており，検索サイトなどとは異なる情報提供が行われる。

こうした状況の中で，ネットワークの構造を理解し，中心的な消費者を見つけることで，消費者間ネットワークを利用した新たなプロモーション，マーケティング・コミュニケーションのあり方について期待されている。

9.1.1 ● ネットワーク構造の分析

ネットワークはグラフにより表される。すなわち，空間に評価の対象（消費者など）を表す頂点が複数あり，頂点間に張られた辺によってネットワークが構成される。辺で結ばれた頂点同士は連結されていることを示す。辺は向きを考慮しない場合と考慮する場合がある。辺の向きを考慮する場合は，ある頂点からある頂点に有向辺があったとしても，必ずしも逆の方向に辺が存在するとは限らない。辺に向きがないグラフを**無向グラフ**，向きがあるグラフを**有向グラフ**という（図 9.1）。

以下ではネットワークの特徴を表すいくつかの指標を紹介する。なお，各指標については ネットワーク・データ を用いた分析例を示す。このデータは 82 の

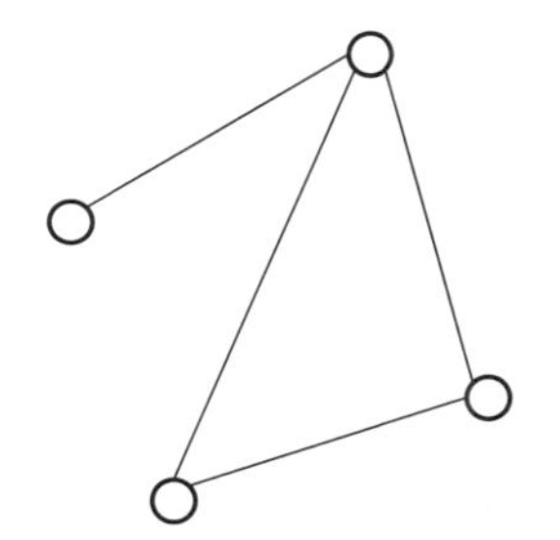
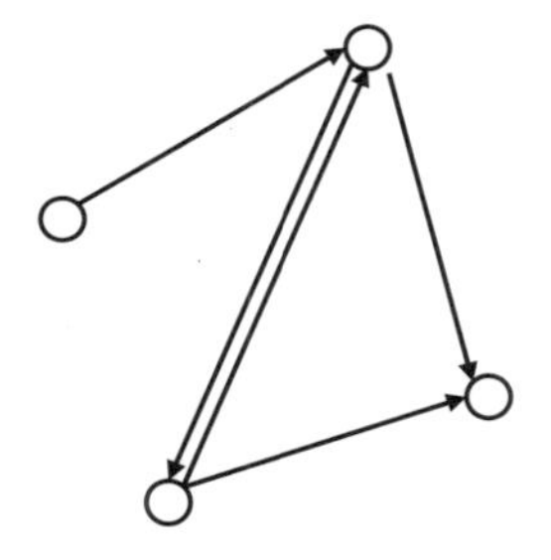

図 9.1 無向グラフ（左）と有向グラフ（右）

アカウント間のフォロー関係を示しており，SNS 上のつながりについて，from 列のアカウントが to 列のアカウントをフォロー，つまり情報の閲覧をしていることを示している（表 9.1）。このデータにはこうした関係が全部で 574 ある有向グラフである。

表 9.1 ネットワークデータ

No.	from	to	No.	from	to	⋯	No.	from	to
1	1	5	6	1	25		621	81	32
2	1	16	7	1	35		622	81	35
3	1	19	8	1	38	⋯	623	82	78
4	1	22	9	1	40		624	82	78
5	1	23	10	1	48		625	82	78

密度

頂点同士をつなぐ辺の数が多ければ多いほど頂点間のつながりが強い。こうした特徴を表す値に**密度**がある。ネットワークにおける密度とは，グラフに張ることができる辺に対して，実際に存在する辺の比率である。すべての頂点間に辺が張られたグラフを完全グラフ，全く辺が張られていないグラフを空グラフといい，完全グラフの密度は 1，空グラフの密度は 0 となる。

ネットワークに含まれる頂点の数を n とすると完全グラフの辺の数は，無向グラフの場合は 2 つの頂点の組合せ数は $n(n-1)/2$，有向グラフの場合は順列数は $n(n-1)$ となる。今，頂点 i から頂点 j に辺が張られているかかどうかを表す変数を a_{ij} とし，辺が張られていれば 1，そうでなければ 0 となる。

すなわち，無向グラフ，有向グラフの密度はそれぞれ (9.1) 式，(9.2) 式として表される。

$$無向グラフの密度 = \frac{2\sum_{i=1}^{n}\sum_{j>i}^{n} a_{ij}}{n(n-1)} \tag{9.1}$$

$$有向グラフの密度 = \frac{\sum_{i=1}^{n}\sum_{j=1}^{n} a_{ij}}{n(n-1)} \tag{9.2}$$

密度はネットワーク全体において，どの程度対象間が緊密であるかを表した指標である。ある目的のために集まった小グループにおいては密度は高いと考えられるが，グループが大きくなると同じ密度を保つのに頂点数の比の 2 乗の辺の数が必要になり，一般に密度は低くなる傾向にある。

ネットワーク・データ の場合，82 の頂点に対して 625 の有向辺があるためその密度は，

$$密度 = \frac{625}{82 \times (82-1)} = 0.094$$

となり，このネットワークでは，平均して各アカウントから他の 10 アカウントのうち 1 つにフォローをしていることが分かる。アカウントごとのフォロー数のヒストグラムを図 9.2 に示す。多くのアカウントをフォローするアカウントがある一方で，多くのアカウントではそれほど多くのアカウントにはフォローしていない。

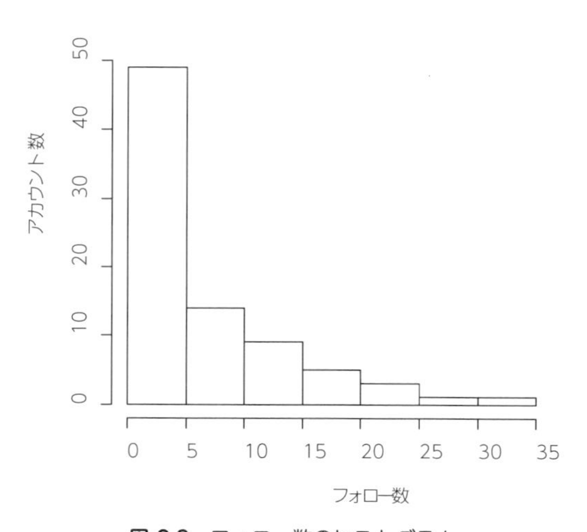

図 9.2　フォロー数のヒストグラム

相互性

有向グラフでは，任意の 2 頂点間において，

- 2 つの頂点からお互いに有向辺がある
- 一方の頂点からもう一方の頂点にのみ有向辺がある
- 2 つの頂点間に有向辺はない

という場合がある。特に Twitter のような，基本的にフォローに許可が不要のシステムの場合，有名人や有益な情報を発信するアカウントに対して気軽にフォローをすることができるため，必ずしも相互の関係がない場合も多い。ネットワーク全体において，どの程度お互いが相互に関係を持っているかを示す指標として**相互性**がある。相互性は一方向もしくは双方向に辺を持つ頂点の組合せの数に対して，双方向に有向辺を持つ頂点の組合せの数の比率である。相互性は (9.3) 式で表すことができる。ここで $\#(int\ arc), \#(no\ arc)$ はそれぞれ双方向の有向辺を持つ頂点の組合せ数，有向辺を持たない頂点の組合せ数である。

$$\text{相互性} = \frac{\#(int\ arc)}{n(n-1)/2 - \#(no\ arc)} \tag{9.3}$$

なお，ネットワーク・データ の相互性は 33.6% となる。

9.1.2 ● ネットワーク中心性

前節では，ネットワーク全体の構造の評価を行ったが，各頂点に着目した評価もしばしば行われる前述したように，発信力の大きいもしくは顔の広い消費者を見つけることで，効果的なプロモーションが行える新たな機会になりえる。こうしたネットワークに含まれる頂点の重要性を示す指標として広く用いられている概念に**ネットワーク中心性**がある。特に，各ノードがネットワーク全体の中でどのくらい中心的な存在であるかを示す点中心性が用いられ，ここでは単に中心性といったときは点中心性を指すことにする。以下でいくつかの中心性指標を紹介する。

次数中心性

ネットワークの中で，他の頂点とより多くの関係を持つ頂点はより中心的な存在であると考える。ここで次数とは頂点に接続している辺の数を表し，これによって**次数中心性**が定義される。

無向グラフの次数中心性については頂点 i について，(9.4) 式のように求められる。

$$頂点\ i\ の次数中心性 = \sum_{j=1}^{n} a_{ij} \tag{9.4}$$

これに対して，有向グラフの場合は頂点 i から出ていく辺の数と頂点 i に入ってくる辺の数に区別され，それぞれ**出次数**，**入次数**といい，それぞれ (9.5) 式，(9.6) 式で与えられる。

$$頂点\ i\ の出次数 = \sum_{j=1}^{n} a_{ij} \tag{9.5}$$

$$頂点\ i\ の入次数 = \sum_{j=1}^{n} a_{ji} \tag{9.6}$$

図 9.3 は ネットワーク・データ について横軸に出次数，縦軸に入次数とした散布図である。図の右下つまり横軸に近い座標のアカウントは，他のアカウントに対して積極的にフォローしており，左上の縦軸に近い座標のアカウントは他のアカウントから多くフォローされている。

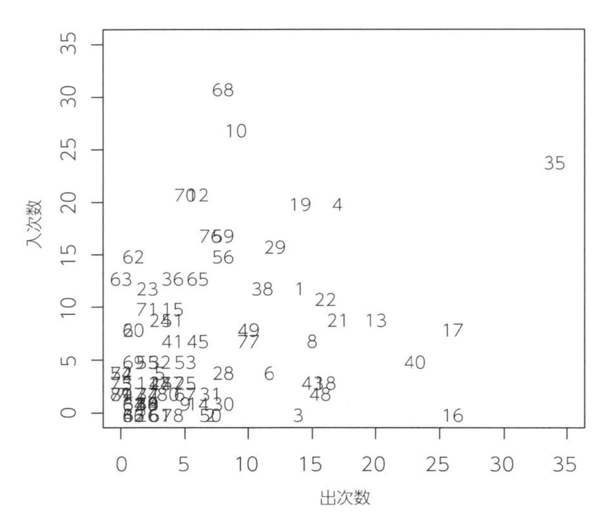

図 9.3　次数中心性

なお，次数中心性は，ネットワークに含まれる頂点の数によって大きく異なる場合もあるので，異なるネットワーク同士を比較する場合は，上記の指標を $n-1$ で除して 0 から 1 の範囲にして比較することも多い。

PageRank

創業当時の Google において，各ページの重要度の評価の基礎となったものが **PagePank** である。PageRank では，有向グラフにおいて入次数をベースとして算出するが，さらに「重要度の高い頂点から辺が張られている頂点の重要度は高い」という仮定を置いて各頂点の重要度を算出する。そのために，辺に関する a_{ij} を行と列に並べた**隣接行列** A を考える。そしてこの隣接行列から**遷移確率行列**を考える。

ある頂点から辺をたどって移動するときに，その頂点から出ている辺について等確率で推移する頂点が決まるとし，その確率はその頂点の出次数の逆数となる。ただし，すべての要素が連結されているわけではないため，PageRank では小さい確率でランダムに頂点を選んで推移するという仮定を置く。このとき，遷移確率行列 A' についてその要素 a'_{ij} は，

$$a'_{ij} = c\frac{a_{ji}}{\displaystyle\sum_{k=1}^{n} a_{ki}} + (1-c)\frac{1}{n} \tag{9.7}$$

として表される。c は $0 < c < 1$ であり 0.85 とすることが多い。

この遷移確率行列 A' について固有値問題を解き，第 1 固有値に対する固有ベクトルが PageRank における得点となる。

ネットワーク・データについて，各頂点の PageRank スコアを求めた。

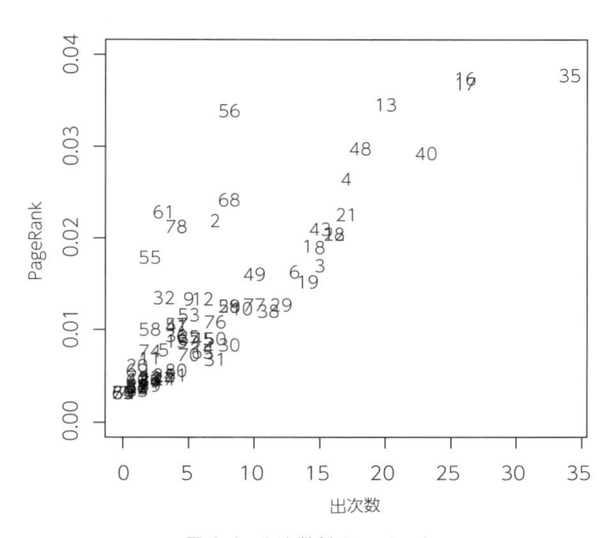

図 9.4 入次数対 PageRank

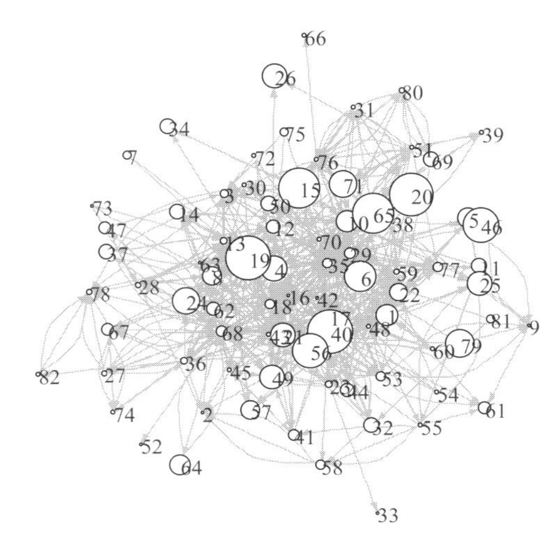

図 9.5　PageRank によるネットワーク図

図 9.4 は横軸に入次数，縦軸に PageRank スコアとした散布図であり，図 9.5 は重力モデルによる頂点間の関係を表している。入次数は他からのフォロー数であるので，この値が高い頂点ほどネットワーク全体で重要と考えられるが，いくつかの頂点が原点からの右上がりの直線上に散布する領域から離れた値となっており，入次数と比較して重要度が高いと考えられる頂点が存在していることが示唆される。

PageRank は前述したとおり，頂点同士のつながりの数量評価だけでなく，重要な頂点とどれだけつながっているかという点まで含めて評価される。SNS を対象とした場合，ネットワーク内で情報発信の中心的アカウントとして特定することができる。

媒介中心性

次数中心性や PageRank は各頂点がどれだけ他の要素とつながっているかということをもととして求められている。しかし，それ自身の情報発信・受信だけでなく，触媒となってネットワーク内に情報を伝播できるか，すなわちネットワークのハブ的な役割の重要性も考えられる。**媒介中心性**はある頂点が他の頂点間の最短経路にどれだけ寄与しているかを示す中心性指標である。頂点 i の媒介中心性は，その頂点を除くすべての 2 頂点間の最短経路のうち，頂点 i を通る割合として計算される。

媒介中心性の高い頂点は，頂点間の情報伝達の中継点になるという意味で重要であるということを表しており，多くの頂点間の最短経路上にある頂点はネットワーク全体の情報の伝播において影響が大きいということができる。

図 9.6 は ネットワーク・データ における各頂点の媒介中心性を示している。有向グラフにおいて入次数もしくは出次数が 0 の頂点の媒介中心性は 0 となる。その他にも媒介中心性が 0 であるものも散見される。逆に，媒介中心性が非常に高い頂点もいくつかあり，これらは，ネットワーク全体の情報伝播においてハブとしての役割を果たしているものと考えられる。

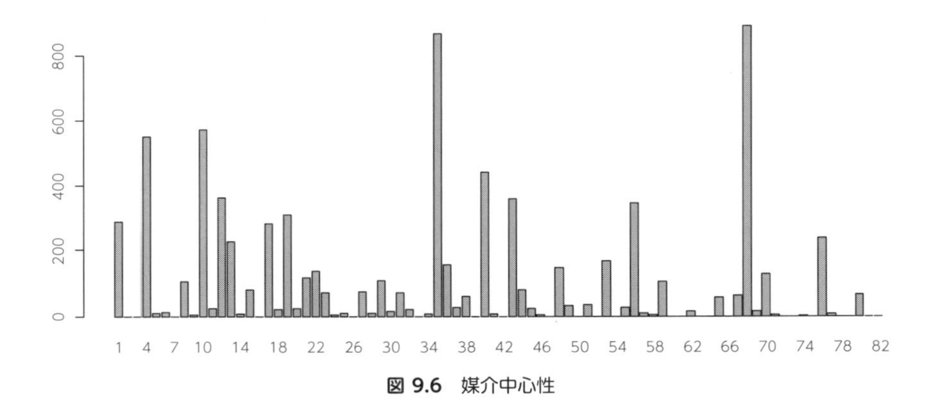

図 9.6　媒介中心性

9.2 テキスト・マイニングによるクチコミの解析

クチコミサイトや SNS の登場により，企業や商品に対する人間の自然な評価がテキストの形で日々大量に投稿されるようになってきた。Facebook の日次アクティブ・ユーザは 13 億人以上あり[33]，ミニブログの一つである Twitter は 3 億人以上の月間アクティブ・アカウントがあるという[50]。写真などに特化した投稿サイトもあるが，現状ではまだ文章によるコミュニケーションが主流である。企業や商品に関する一般消費者からの評価や感想が企業の外部のサイトで大量に受発信されており，こうしたデータは企業にとって重要な情報源である。

また，コールセンタでの応対記録などのデータも音声認識ソフトを用いてテキストにしてデータとして使用でき，応対内容の確認だけでなく，応対の効率化といった業務改善にも用いられている。こうした文章の評価においては自然言語処理もしくはテキスト・マイニングが用いられる。

テキスト・マイニングは，テキスト・データである文章を自然言語処理技術によって，文章を構成する要素，すなわち単語に分解し，出現頻度や単語間の関係などを分析することで特徴や傾向を評価しようという一連の分析である。

9.2.1 ● 分かち書きと形態素解析

日本語は，英語のように単語ごとに区切られて表記がされていない。したがって，文章をそのままコンピュータに読み込ませても何が書かれているかをコンピュータは解釈することができない。そこで，まず入力された文章について，辞書をもとにどのような単語で構成されているかを分析する必要がある。**分かち書き**とは，文章やフレーズを形態素，すなわち意味を持つ最小限の単位に分解する作業であり，**形態素解析**は分かち書きされた形態素ごとの品詞等を判別する作業である。また，形態素解析を通じて，次に説明するような文章やフレーズの内容判断や，頻出単語の評価に用いられる。

例えば，

> この商品は値段の割に機能が高いので気に入った。

という文章があった場合，これを形態素ごとに分かち書きすると，

> この / 商品 / は / 値段 / の / 割 / に / 機能 / が / 高い / の / で / 気 / に / 入っ / た / 。

と分解される。どの文字がどの単語を構成するかについては一意に決定できない場合もあり，いくつものアルゴリズムが提案されている[6]。

そして，形態素解析によって表 9.2 のように各形態素に関する情報が付与される。

こうして分解された単語情報をもとに，次節以降に示すような各種の分析が行われる。テキスト・マイニングのためのツールにはいろいろあるが，フリーソフトウェア MeCab などがしばしば用いられている[45]。

表 9.3 は 商品クチコミ・データ を形態素解析し，名詞，形容詞，動詞について上位単語を抽出したものである。なおこのデータはある調味料商品についての

表 9.2 形態素解析の例

形態素	品詞	活用型	活用形
この	連体詞		
商品	名詞-普通名詞-一般		
は	助詞-係助詞		
値段	名詞-普通名詞-一般		
の	助詞-格助詞		
割	名詞-普通名詞-助数詞可能		
に	助詞-格助詞		
機能	名詞-普通名詞-サ変可能		
が	助詞-格助詞		
高い	形容詞-一般	形容詞	連体形-一般
の	助詞-準体助詞		
で	助動詞	助動詞-ダ	連用形-一般
気	名詞-普通名詞-一般		
に	助詞-格助詞		
入っ	動詞-一般	五段-ラ行	連用形-促音便
た	助動詞	助動詞-タ	終止形-一般
。	補助記号-句点		

表 9.3 頻度の高い単語

抽出語	出現回数	抽出語	出現回数	抽出語	出現回数	抽出語	出現回数
使う	65	調味料	26	砂糖	14	酒	11
料理	40	この商品	25	風味	14	我が家	10
味	36	煮物	24	良い	13	甘い	10
美味しい	33	思う	23	違う	12	使用	10
購入	27	このカテゴリの商品	19	安心	11	醤油	10
他の商品	27	リピート	17	使える	11		

クチコミデータであるが，対象商品名は「この商品」，競合商品名は「他の商品」，カテゴリ名は「このカテゴリの商品」と書き換えている。クチコミ総数は 122 であり，文章総数は 304 である。この結果を見ると，内容が調味料の評価，使い方の他，購買方法など多岐にわたっていることが示唆される。

9.2.2 ● tf-idf 値

分析対象の文章中の特徴的な単語としては，頻出する単語が第一に挙げられよう。テキストマイニングでは，形態素解析によって得られた単語について，その頻度を数え上げた **tf** (term frequency) **値**が指標として求められる。

ただし，例えば二つの商品のクチコミを比較する場合に，単に tf 値が高いといった場合に，いずれの商品のクチコミにも一様に頻出する場合もあるが，こうした場合全体によく見られるという特徴はあるものの，ある商品に限ってよく見られるといったような際立った特徴はない。そこで，対象の単語の出現頻度とある特定の文章の中での出現割合の両者を含めた評価をしたい。

こうしたある文章や商品を特徴づける単語を特定する指標として **tf-idf** (term frequency-inverse document frequency) **値**がある。

文章 d の単語 t の tf-idf 値は (9.8) 式で与えられる。

$$\text{tf-idf}(t,d) = \text{tf}(t,d) \times \text{idf}(t) \tag{9.8}$$

n_{td} を文章 d 内の単語 t の出現頻度，N を全文章数，$\text{df}(t)$ を文章 t の出現文章数とすると，(9.8) 式の右辺の各項は次のように表される。

$$\text{tf}(t,d) = \frac{n_{td}}{\displaystyle\sum_s n_{sd}} \tag{9.9}$$

$$\text{idf}(t) = \ln \frac{N}{\text{df}(t)} \tag{9.10}$$

この式が示すように，tf-idf 値は頻出する単語は重要であるが，多数の文章に出現するような単語については重要度が下がるようにペナルティを課す。例えば競合する複数の商品のクチコミ情報から各商品の特徴を捉えようと考える場合，各商品についてのクチコミ据えてを一つの文章として読み込ませ tf-idf 値を求めることによって，各商品に特有の単語を抽出することができる。

9.2.3 ● 構文解析・共起ネットワーク

形態素解析では，各単語の情報について特定したが，文章として何を表現しているかを理解するためには，単語の間の関連を分析し，どのように結合して文章となっているかを特定するための**構文解析**を行う。

定量データと異なり，文章の場合は表現の自由度が高いため，文章の構造をコンピュータが特定することはかなり困難を伴う。近年では，統計的手法を含めた構造解析手法も提案されており，自然言語を高い精度で解析できるようになってきた。構文解析は係り受け分析とも呼ばれ，文法的にどのように単語が文節として成立しているか，すなわち，文節間の関連を明らかにできる。

例えば，先ほどの「この商品は値段の割に機能が高いので気にいった。」という文章について構文解析を行うと，表 9.4 のように係り受けを分析できる。

表 9.4 係り受けの例

文節	係り先の文節
この	商品は
商品は	気に入った。
値段の	割に
割に	高いので
機能が	高いので
高いので	気に入った。
気に入った。	（文末）

日本語の構造解析のフリーウェアとしては，KNP[44]やCaboCha[32]が知られており自然言語分析システムでも使われている。

大量の文章からこうした構文解析を通して，頻出するパターンを見つけることができる。これをネットワーク図として表したものが**共起ネットワーク**である。共起ネットワークでは，係り受けや共起する単語について，頻度や割合，全体の描画数について閾値を設け，代表的なパターンをグラフとして可視化する。

例えば，商品クチコミ・データを用いて単語の共起ネットワークを作ると図9.7のように頻出単語間の関係を表したグラフが描かれる。なお，描画作成にはKHCoder[40]を用いている。

この図を見ると話題についていくつかのクラスタが確認でき，その内容は使用方法や購買目的，また購買方法などについてのクチコミが多くあることが分かる。

9.2.4 ● 感情極性分析

文章には何らかの感情や評価が含まれる場合が多い。例えば，クチコミデータであれば，「高機能で便利」「デザインがよい」といった良い評価がある一方で，「期待したほどの味ではなかった」「使い方が難しい」というような悪い評価もある。また「価格は高かったが，品質には満足した」といったように，複数の評価が一つの文章に含まれる場合もある。

人間はコミュニケーション経験や知識から文章や発話の内容がどのような感情を表現しているかを総合的に判断することができる。しかし，機械的に感情を評価することは難しい。文章に含まれるこうした感情を評価しようという分析に**感情極性分析**がある。感情極性分析は評判分析あるいは好評（ポジティブ）と不評（ネガティブ）の感情を分析するという意味で**ポジネガ分析**とも呼ばれる。

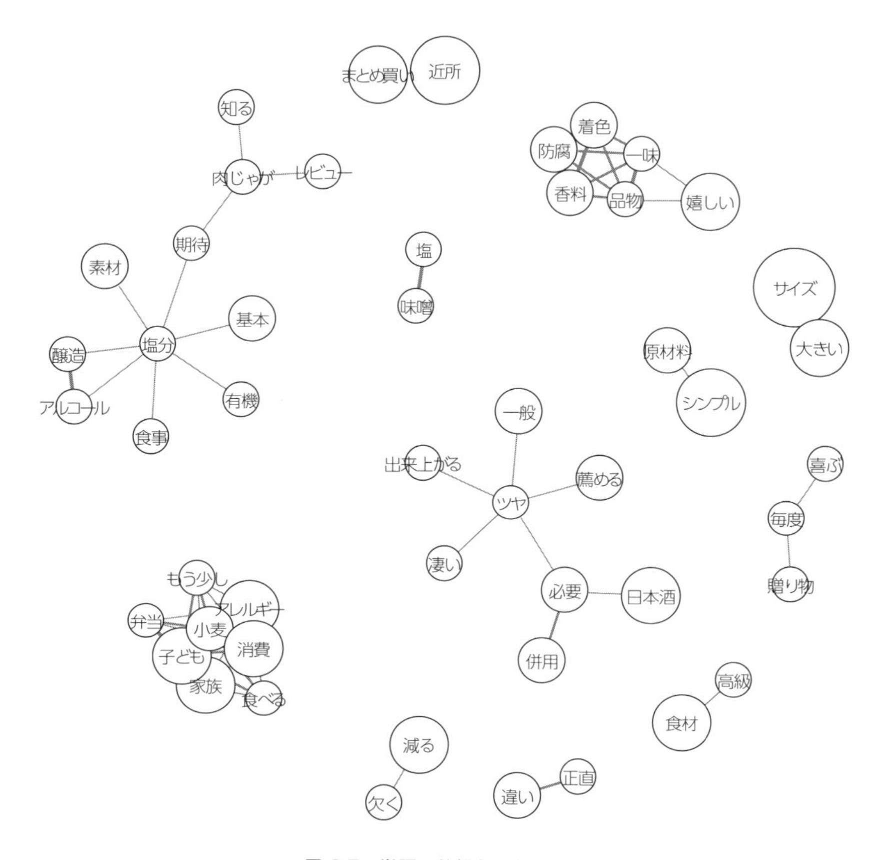

図 9.7　単語の共起ネットワーク

そこで，それぞれの単語が好評か不評のいずれの感情を表現するかについて，様々な文章から学習させた単語と極性値の対応を示した**感情極性辞書**が使われる。例えば，高村ら[24]は単語の極性について -1 から $+1$ の実数で与えた対応表を公開している。

こうしたデータから各単語もしくは係り受けの感情を推定し，そのスコアから文章の感情を読み取る。こうして商品やサービスに対する質的な情報から量的な評価を行うことができる。

商品クチコミ・データの係り受けについて感情極性分析を行い，好評の感情もしくは不評の感情と評価された係り受けの上位を表 9.5 にまとめる。

なお，これらの言葉を含む原文を参照すると，例えば「味」であれば，

表 9.5 感情極性分析の例

好評語	不評語
煮物	併用
味	味付け
料理	
評判	
リピート	

- この商品を使用してから他の商品は使用できません。上品な味になって美味しいので最高です。
- 値段はちょっと高いけど，適当に味付けしてもちゃんと味が決まるので好きです。
- リピートです。まろやかな味で，美味しいです。煮物の時にはかなり重宝します。

というように，使用後の満足度の高い様子が分かる。なお，不評語の「併用」については実際に原文参照してみると「併用の必要がない」という否定語のため不評にはいっているが，実際はこの商品の特長と考えることができる。このように，単語の極性だけからは，正しく判断できないこともあるので注意が必要である。

9.3 アクセス・ログ・データをもとにした顧客のサイト内行動分析

本章の冒頭に述べたように，インターネット上のマーケティング活動で最も大きな変化の一つが，顧客の購買プロセスに対して様々なマーケティング施策が実施できるようになったことであろう。EC サイトにおける個々の顧客に対するおすすめ商品の表示や，外部サイトのバナー広告を経由した自社サイトへの誘引など，これまでの実市場でのマーケティング活動とは異なる様々なマーケティング施策が可能になり，またそのための新たなデータや分析手法についても様々に行われるようになってきた。

こうした施策決定の元になるデータの一つが**アクセス・ログ・データ**である。アクセス・ログ・データは，ウェブサイトを管理するサーバに自動的に記録される訪問者の閲覧履歴であり，当該サイトに流入してから流出するまでを一つのセッションとして捉える。

POS データや ID 付き POS データはあくまで購買の結果のデータであり，購買に至るまでの過程はそれらのデータからは把握できない。第1章で述べたように，消費者の購買プロセスが AIDMA から AISAS の時代になり，企業と消費者の関係も従来の一方向のプロモーションから双方向のコミュニケーションが重要視されるようになってきた。こうした視点に立てば，消費者が購買に至るまでにどのような検索や取捨選択を行っているかを分析することが重要になる。

ウェブ上のアクセス・ログはまさにこうした購買プロセスを表すデータの一つであり，現在では大量のアクセス・ログ・データが蓄積されている。

9.3.1 ● アクセス・ログ・データの特徴

アクセス・ログ・データには以下のような項目が含まれている。

アクセス元 IP アドレス　ユーザがアクセスした端末のグローバル IP アドレス

日付と時間　西暦と時差情報付きのアクセス時間

ホスト名　ユーザがアクセスした際に利用したネットワークで使われる識別情報でドメイン名

ユーザ・エージェント　使用しているブラウザや OS の情報

リクエスト URL　アクセスしたユーザが閲覧しているページの URL

リファラ URL　アクセスしたユーザが直前に見ているページの URL

ユーザ ID　各ブラウザに振られた ID で Cookie が一般的

セッション ID　ブラウザが起動するごとに振られる ID。一般には当該サイトへ訪問したときに振られる。

ユニーク ID　各ログにユニークに振られる ID

ディスプレイ・サイズ　使用しているパソコンもしくはスマートフォンなどのディスプレイ解像度

これら以外にも，会員情報や検索窓の検索キーワードなども記録されることもある。また，バナー広告から当該サイトにアクセスをしたり，直接 URL を打ち込んでアクセスした場合などはリファラが得られない。

こうしたデータから例えば以下のような統計情報を得ることができる。

ウェブサイト視点からの統計情報

ユニークユーザ数 集計期間内に訪問のあったユーザ ID 数を集計して求められる。

URL ごとのインプレッション数 インプレッション数とは表示した回数であり，ページごとのリクエスト回数によって求められる。

アクセス経路 外部のサイトからどのようにして当該サイトに訪問したかが分かる。

訪問者視点からの統計情報

訪問回数 集計期間内のユーザ ID ごとのセッション数を合計することで求められる。

セッションごとの滞在時間 一回のセッションで当該サイトに滞在した時間。ただし，いつ外部サイトに移動したかといった当該サイト外のデータは取得できないため，一般にはセッションの最初に訪問したページ（ランディング・ページ）のリクエスト時間から離脱前の最後のページのリクエスト時間の間を滞在時間とする場合が多い。

セッションごとのページビュー数 ページビュー数は閲覧したページ数であり，一度のセッションで何ページを閲覧したかを示す。

ページ当たり平均閲覧時間 ページビュー数を閲覧時間で除することで求められる。ページのコンテンツをどのくらいの時間表示しているかの目安と考えられる。

また，EC サイトなどでは，最終目的である購買などに至ったかどうかを測定することも一般に行われる。こうした行動は，訪問者がサイト運営側が意図するように態度を変えたという意味も含めて**コンバージョン**と呼ばれる。

セッションごとにサイト内経路を求め，それを集計することで，コンバージョンに至るまでにどのようなページ遷移をするのか，また何が原因で途中で離脱するのか，といったサイト診断をすることも可能である。さらに，外部サイトでのプロモーション効果についても，どのページに誘導すればコンバージョンに結び付くのか，外部のリファラによってコンバージョン率に違いがあるのかといったことも評価することができる。

表 9.6　リピート購買分析のためのデータ

No.	リピート購買	平均 PV	平均滞在時間	セッション数	購買金額
1	1	127	490	1	8000
2	0	14	660	6	46000
3	0	31	260	1	41000
4	0	22	440	1	1000
5	0	53	450	2	38000
⋮	⋮	⋮	⋮	⋮	⋮
1496	1	26	770	3	4000
1497	1	12	640	5	11000
1498	1	41	530	2	12000
1499	1	15	210	2	55000
1500	1	28	1100	1	4000

9.3.2 ● アクセス・ログ・データを用いたリピート購買分析

アクセス・ログ・データを用いた分析例の一つとして，リピート購買データを用いた購買行動の分析例を示す。表 9.6 は**リピート購買**データであり，ある EC サイトにおいて，顧客登録して初めて購買したときのアクセス状況と，その後のリピート購買の有無に関するデータである。2 列目は，1 回目の購買後 3 カ月の間にリピート購買があったかどうかを示しており，値が 1 ならばリピート購買があり，0 ならばなかったことを示している。なお，本データではリピート購買の有無について，それぞれ 750 人ずつを抽出している。

なお，3 列目以降は順に，「初回購買までのセッション当たりの平均ページビュー」，「初回購買までのセッション当たりの平均滞在時間」，「初回購買までのセッション数」，「初回購買時の購買金額」である。

ここで，リピート購買の要因として，こうした初回購買もしくは初回購買までのサイト訪問状況がどのように影響を与えているかについて評価するために，ここではロジスティック回帰分析を用いる。7.3 節でも紹介したように，ロジスティック回帰分析はケース i の生起確率を，

$$p_i = \frac{\exp\left\{\beta_0 + \sum_{j=1}^{p} \beta_j x_{ij}\right\}}{1 + \exp\left\{\beta_0 + \sum_{j=1}^{p} \beta_j x_{ij}\right\}} \tag{9.11}$$

という形で表し，パラメータ β_j $(j = 0, 1, 2, \cdots, p)$ を求める。

表 9.7 ロジスティック回帰分析の結果

	係数	z 値
切片	-6.54×10^{-1}	4.43×10^{-7}
平均 PV	1.03×10^{-3}	0.601
平均滞在時間	7.75×10^{-5}	0.540
セッション数	1.36×10^{-1}	2.78×10^{-5}
購買金額	1.34×10^{-5}	1.50×10^{-4}

このデータについて係数を推定すると表 9.7 を得る。

z 値より，有意水準 5% で有意なのは「セッション数」と「購買金額」であり，初回購買までにセッション数が多いほど，また初回購買金額が高いほど，リピート購買に結び付くことが分かる。なお，本モデルにおいて予測精度を評価するために予測値が 0.5 以上になった場合にリピートするとして，混同行列を作成すると表 9.8 が得られる。

表 9.8 ロジスティック回帰分析の混同行列

実際＼予測	離反	リピート
離反	495	255
リピート	403	347

これより正答率は，

$$\frac{495 + 347}{495 + 255 + 403 + 347} = 56.1\%$$

となり，さほど高精度の予測とはなっていないことが購買行動の予測の難しさを表しているといえよう。

9.3.3 ● マルコフ・モデルによるコンバージョン分析

ウェブサイトの訪問者はランディングしたページからサイト内で様々なページを閲覧しながらコンバージョンにたどり着く。ウェブサイト構築にあたり，どのようなページの閲覧がコンバージョンに関わっているかを分析するために，状態遷移を分析できる**マルコフ連鎖モデル**[2)]によって表現する。マルコフ連鎖では状態の遷移について，次の状態の推移は現在の状態のみから決まるという仮定をおき，その隣り合う状態遷移を状態間の遷移確率を行列で表した**遷移確率行列**として表す。

ウェブサイトの訪問をマルコフ連鎖で表現する場合，閲覧しているページを状態とし，ページ間の遷移が分析対象となる。ここでは，サイト内のあるページへ到着した場合をコンバージョンと定義し，そのページに到着しないうちにサイトから離脱するかどうかを分析目的とする。その際にサイト内の各ページがコンバージョンにどれだけ寄与しているかを評価する。そのために，各ページを状態としてアクセス・ログ・データから隣り合う時点のページ遷移を集計し，ここから遷移確率行列を作成する。なお，コンバージョン・ページもしくは離脱についても状態の一つとして表現し，これらに一度到着したらその後その状態にとどまると仮定する。これらを**吸収状態**と呼び，それ以外を**一時的状態**と呼ぶ。一時的状態間の推移もある確率で行われるが，時間の経過とともに必ず吸収状態に到着する。このようなモデルを**吸収マルコフ連鎖モデル**と呼ぶ（図 9.8）。

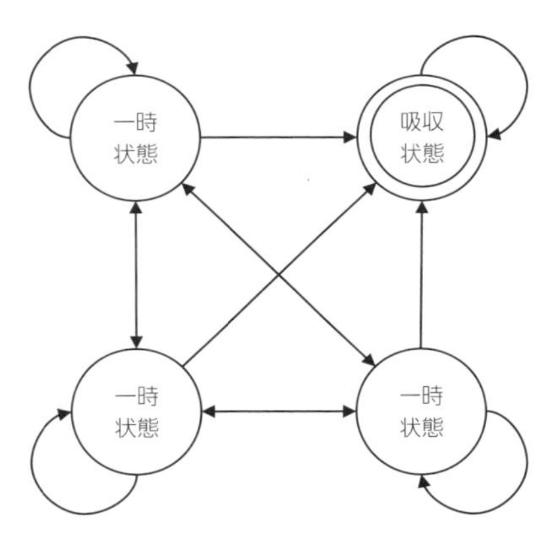

図 9.8　吸収マルコフ連鎖モデル

遷移確率行列は，行列の各行のページから各列のページに遷移した確率として表現される。一時的状態，吸収状態の順に並べると遷移確率行列 P は (9.12) のように表される。

$$P = \begin{bmatrix} Q & R \\ O & I \end{bmatrix} \tag{9.12}$$

ただし，Q は一時的状態間の遷移確率行列，R は一時的状態から吸収状態の遷移確率行列である。吸収状態から一時的状態へは遷移しないため，該当する要素はすべて 0 となり，吸収状態に一度到着するとその後はその状態にとどまるため，吸収状態間の遷移確率行列は単位行列となる。

R は各一時的状態から次に吸収状態に達する確率を表すが，一時的状態から直接吸収状態に達さない場合でも，その一時的状態から他の一時的状態を経由して吸収状態に達するならば，その一時的状態は吸収状態に寄与したことになる。そこで，この遷移確率行列について状態推移を含めてコンバージョンの影響を評価する。

数理的背景については付録で説明するが，各一時的状態から各吸収状態への寄与の度合いは (9.13) 式によって求められる。

$$(I - Q)^{-1}R \tag{9.13}$$

ウェブ・ページ遷移データ を用いて，ある商品を販売しているウェブサイトを対象とした分析例を示す。このウェブサイトは，表 9.9 に示すカテゴリのウェブページにより構成されており，このうち G の問い合わせページを閲覧すればコンバージョンしたものとして考える。なお各カテゴリは複数のページにより構成されているため，同じカテゴリへの推移も多くある。

表 9.9 ウェブページ・カテゴリ一覧

記号	カテゴリ
A	トップページ
B	商品概要
C	商品詳細
D	料金案内
E	オプション
F	FAQ
G	問合せ

これらに加えて，このサイトからの離脱の状態 H を含め，アクセス・ログ・データから遷移確率行列を求めると次のようになったとする。

$$P = \begin{array}{c} \nearrow \\ A \\ B \\ C \\ D \\ E \\ F \\ G \\ H \end{array} \begin{array}{c} \begin{array}{cccccccc} \quad A & \quad B & \quad C & \quad D & \quad E & \quad F & \quad G & \quad H \end{array} \\ \left[\begin{array}{cccccc|cc} 0.126 & 0.380 & 0.042 & 0.140 & 0.033 & 0.101 & 0.046 & 0.131 \\ 0.056 & 0.431 & 0.045 & 0.101 & 0.040 & 0.052 & 0.018 & 0.257 \\ 0.036 & 0.161 & 0.398 & 0.103 & 0.041 & 0.044 & 0.018 & 0.198 \\ 0.048 & 0.150 & 0.069 & 0.169 & 0.115 & 0.048 & 0.054 & 0.347 \\ 0.054 & 0.191 & 0.076 & 0.159 & 0.245 & 0.039 & 0.009 & 0.227 \\ 0.118 & 0.123 & 0.153 & 0.081 & 0.031 & 0.121 & 0.007 & 0.367 \\ \hline 0.000 & 0.000 & 0.000 & 0.000 & 0.000 & 0.000 & 1.000 & 0.000 \\ 0.000 & 0.000 & 0.000 & 0.000 & 0.000 & 0.000 & 0.000 & 1.000 \end{array}\right] \end{array} \tag{9.14}$$

表 9.10　各ページのコンバージョンへの寄与度

	G（コンバージョン）	H（離脱）
A（トップページ）	0.119	0.881
B（商品概要）	0.080	0.920
C（商品詳細）	0.087	0.913
D（料金案内）	0.108	0.892
E（FAQ）	0.075	0.925
F（会社概要）	0.063	0.937

このとき，(9.13) 式により A から F の一時的状態が吸収状態である問合せページ，離脱に対してどの程度関係したかを求めると表 9.10 のようになる。

これを見ると，トップページを除いて料金案内，商品詳細のページをアクセスするとコンバージョンに結び付きやすいことが分かる。そもそも購買意向があるからこうした情報を閲覧するとも考えられるが，逆にこれらのページに誘導することで，商品を深く理解してもらい新たな需要喚起につながるならば，他のページからの遷移しやすくするようにサイトを改善するということも考えられる。

付録 A

統計分布表

「本書で紹介した代表的な分布の分布表をまとめる。

A.1　標準正規分布表
A.2　t 分布表
A.3　χ^2 分布表
A.4　F 分布表（上側確率 5%，上側確率 1%）
A.5　ウィルコクソンの符号順位和検定のための統計表
A.6　ウィルコクソンの順位和検定のための統計表」

A.1 ● 標準正規分布表

行ラベルの値に列ラベルの値を加えた値を z 値としたときの上側確率。

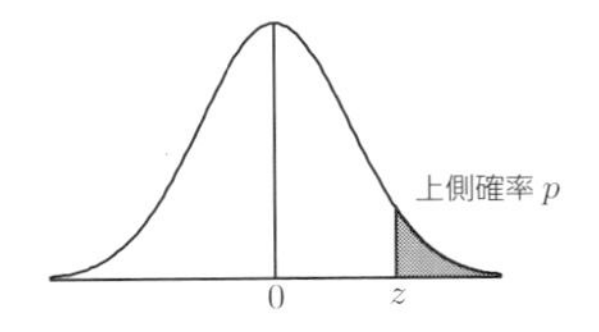

表 A.1　標準正規分布表

z	0.00	0.01	0.02	0.03	0.04	0.05	0.06	0.07	0.08	0.09
0.0	0.50000	0.49601	0.49202	0.48803	0.48405	0.48006	0.47608	0.47210	0.46812	0.46414
0.1	0.46017	0.45620	0.45224	0.44828	0.44433	0.44038	0.43644	0.43251	0.42858	0.42465
0.2	0.42074	0.41683	0.41294	0.40905	0.40517	0.40129	0.39743	0.39358	0.38974	0.38591
0.3	0.38209	0.37828	0.37448	0.37070	0.36693	0.36317	0.35942	0.35569	0.35197	0.34827
0.4	0.34458	0.34090	0.33724	0.33360	0.32997	0.32636	0.32276	0.31918	0.31561	0.31207
0.5	0.30854	0.30503	0.30153	0.29806	0.29460	0.29116	0.28774	0.28434	0.28096	0.27760
0.6	0.27425	0.27093	0.26763	0.26435	0.26109	0.25785	0.25463	0.25143	0.24825	0.24510
0.7	0.24196	0.23885	0.23576	0.23270	0.22965	0.22663	0.22363	0.22065	0.21770	0.21476
0.8	0.21186	0.20897	0.20611	0.20327	0.20045	0.19766	0.19489	0.19215	0.18943	0.18673
0.9	0.18406	0.18141	0.17879	0.17619	0.17361	0.17106	0.16853	0.16602	0.16354	0.16109
1.0	0.15866	0.15625	0.15386	0.15151	0.14917	0.14686	0.14457	0.14231	0.14007	0.13786
1.1	0.13567	0.13350	0.13136	0.12924	0.12714	0.12507	0.12302	0.12100	0.11900	0.11702
1.2	0.11507	0.11314	0.11123	0.10935	0.10749	0.10565	0.10383	0.10204	0.10027	0.09853
1.3	0.09680	0.09510	0.09342	0.09176	0.09012	0.08851	0.08691	0.08534	0.08379	0.08226
1.4	0.08076	0.07927	0.07780	0.07636	0.07493	0.07353	0.07215	0.07078	0.06944	0.06811
1.5	0.06681	0.06552	0.06426	0.06301	0.06178	0.06057	0.05938	0.05821	0.05705	0.05592
1.6	0.05480	0.05370	0.05262	0.05155	0.05050	0.04947	0.04846	0.04746	0.04648	0.04551
1.7	0.04457	0.04363	0.04272	0.04182	0.04093	0.04006	0.03920	0.03836	0.03754	0.03673
1.8	0.03593	0.03515	0.03438	0.03362	0.03288	0.03216	0.03144	0.03074	0.03005	0.02938
1.9	0.02872	0.02807	0.02743	0.02680	0.02619	0.02559	0.02500	0.02442	0.02385	0.02330
2.0	0.02275	0.02222	0.02169	0.02118	0.02068	0.02018	0.01970	0.01923	0.01876	0.01831
2.1	0.01786	0.01743	0.01700	0.01659	0.01618	0.01578	0.01539	0.01500	0.01463	0.01426
2.2	0.01390	0.01355	0.01321	0.01287	0.01255	0.01222	0.01191	0.01160	0.01130	0.01101
2.3	0.01072	0.01044	0.01017	0.00990	0.00964	0.00939	0.00914	0.00889	0.00866	0.00842
2.4	0.00820	0.00798	0.00776	0.00755	0.00734	0.00714	0.00695	0.00676	0.00657	0.00639
2.5	0.00621	0.00604	0.00587	0.00570	0.00554	0.00539	0.00523	0.00508	0.00494	0.00480
2.6	0.00466	0.00453	0.00440	0.00427	0.00415	0.00402	0.00391	0.00379	0.00368	0.00357
2.7	0.00347	0.00336	0.00326	0.00317	0.00307	0.00298	0.00289	0.00280	0.00272	0.00264
2.8	0.00256	0.00248	0.00240	0.00233	0.00226	0.00219	0.00212	0.00205	0.00199	0.00193
2.9	0.00187	0.00181	0.00175	0.00169	0.00164	0.00159	0.00154	0.00149	0.00144	0.00139
3.0	0.00135	0.00131	0.00126	0.00122	0.00118	0.00114	0.00111	0.00107	0.00104	0.00100
3.1	0.00097	0.00094	0.00090	0.00087	0.00084	0.00082	0.00079	0.00076	0.00074	0.00071
3.2	0.00069	0.00066	0.00064	0.00062	0.00060	0.00058	0.00056	0.00054	0.00052	0.00050
3.3	0.00048	0.00047	0.00045	0.00043	0.00042	0.00040	0.00039	0.00038	0.00036	0.00035
3.4	0.00034	0.00032	0.00031	0.00030	0.00029	0.00028	0.00027	0.00026	0.00025	0.00024
3.5	0.00023	0.00022	0.00022	0.00021	0.00020	0.00019	0.00019	0.00018	0.00017	0.00017
3.6	0.00016	0.00015	0.00015	0.00014	0.00014	0.00013	0.00013	0.00012	0.00012	0.00011
3.7	0.00011	0.00010	0.00010	0.00010	0.00009	0.00009	0.00008	0.00008	0.00008	0.00008
3.8	0.00007	0.00007	0.00007	0.00006	0.00006	0.00006	0.00006	0.00005	0.00005	0.00005
3.9	0.00005	0.00005	0.00004	0.00004	0.00004	0.00004	0.00004	0.00004	0.00003	0.00003

A.2 ● t 分布表

行ラベルの自由度に対する，列ラベルの上側確率。

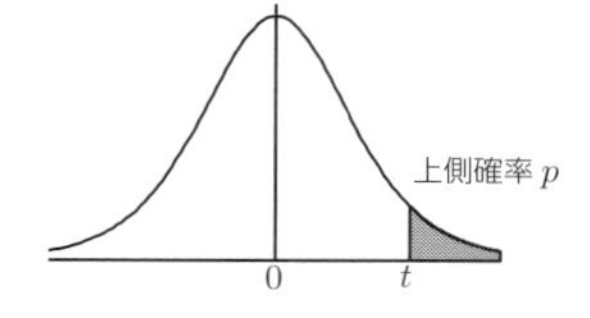

表 A.2　t 分布表（両側検定）

自由度＼確率	0.1	0.05	0.025	0.01	0.005	自由度＼確率	0.1	0.05	0.025	0.01	0.005
1	3.078	6.314	12.706	31.821	63.657	21	1.323	1.721	2.080	2.518	2.831
2	1.886	2.920	4.303	6.965	9.925	22	1.321	1.717	2.074	2.508	2.819
3	1.638	2.353	3.182	4.541	5.841	23	1.319	1.714	2.069	2.500	2.807
4	1.533	2.132	2.776	3.747	4.604	24	1.318	1.711	2.064	2.492	2.797
5	1.476	2.015	2.571	3.365	4.032	25	1.316	1.708	2.060	2.485	2.787
6	1.440	1.943	2.447	3.143	3.707	26	1.315	1.706	2.056	2.479	2.779
7	1.415	1.895	2.365	2.998	3.499	27	1.314	1.703	2.052	2.473	2.771
8	1.397	1.860	2.306	2.896	3.355	28	1.313	1.701	2.048	2.467	2.763
9	1.383	1.833	2.262	2.821	3.250	29	1.311	1.699	2.045	2.462	2.756
10	1.372	1.812	2.228	2.764	3.169	30	1.310	1.697	2.042	2.457	2.750
11	1.363	1.796	2.201	2.718	3.106	35	1.306	1.690	2.030	2.438	2.724
12	1.356	1.782	2.179	2.681	3.055	40	1.303	1.684	2.021	2.423	2.704
13	1.350	1.771	2.160	2.650	3.012	45	1.301	1.679	2.014	2.412	2.690
14	1.345	1.761	2.145	2.624	2.977	50	1.299	1.676	2.009	2.403	2.678
15	1.341	1.753	2.131	2.602	2.947	55	1.297	1.673	2.004	2.396	2.668
16	1.337	1.746	2.120	2.583	2.921	60	1.296	1.671	2.000	2.390	2.660
17	1.333	1.740	2.110	2.567	2.898	65	1.295	1.669	1.997	2.385	2.654
18	1.330	1.734	2.101	2.552	2.878	75	1.293	1.665	1.992	2.377	2.643
19	1.328	1.729	2.093	2.539	2.861	90	1.291	1.662	1.987	2.368	2.632
20	1.325	1.725	2.086	2.528	2.845	100	1.290	1.660	1.984	2.364	2.626

A.3 ● χ^2 分布表

行ラベルの自由度に対する，列ラベルの値の上側確率。

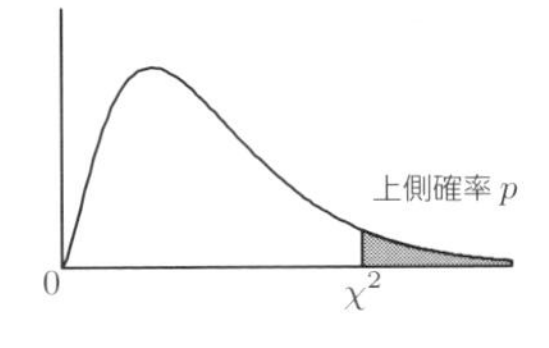

表 A.3　χ^2 分布表

自由度＼確率	0.1	0.05	0.025	0.01	自由度＼確率	0.1	0.05	0.025	0.01
1	2.706	3.841	5.024	6.635	17	24.769	27.587	30.191	33.409
2	4.605	5.991	7.378	9.210	18	25.989	28.869	31.526	34.805
3	6.251	7.815	9.348	11.345	19	27.204	30.144	32.852	36.191
4	7.779	9.488	11.143	13.277	20	28.412	31.410	34.170	37.566
5	9.236	11.070	12.833	15.086	25	34.382	37.652	40.646	44.314
6	10.645	12.592	14.449	16.812	30	40.256	43.773	46.979	50.892
7	12.017	14.067	16.013	18.475	35	46.059	49.802	53.203	57.342
8	13.362	15.507	17.535	20.090	40	51.805	55.758	59.342	63.691
9	14.684	16.919	19.023	21.666	45	57.505	61.656	65.410	69.957
10	15.987	18.307	20.483	23.209	50	63.167	67.505	71.420	76.154
11	17.275	19.675	21.920	24.725	60	74.397	79.082	83.298	88.379
12	18.549	21.026	23.337	26.217	70	85.527	90.531	95.023	100.425
13	19.812	22.362	24.736	27.688	80	96.578	101.879	106.629	112.329
14	21.064	23.685	26.119	29.141	90	107.565	113.145	118.136	124.116
15	22.307	24.996	27.488	30.578	100	118.498	124.342	129.561	135.807
16	23.542	26.296	28.845	32.000	200	226.021	233.994	241.058	249.445

A.4 ● F 分布表

行ラベルと列ラベルの自由度の組合せに対する，5% と 1% の上側確率

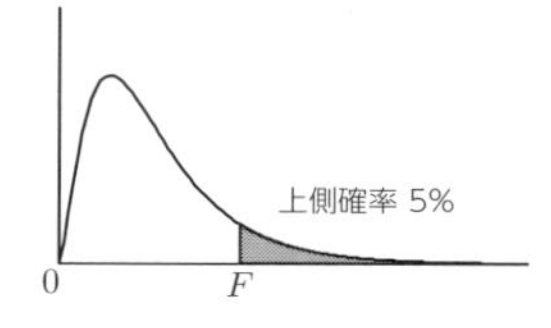

表 A.4　F 分布表（上側 5% 点（行は分母の側の自由度，列は分子側の自由度）

		ν_2											
		1	2	3	4	5	6	7	8	9	10	15	20
ν_1	1	161.448	18.513	10.128	7.709	6.608	5.987	5.591	5.318	5.117	4.965	4.543	4.351
	2	199.500	19.000	9.552	6.944	5.786	5.143	4.737	4.459	4.256	4.103	3.682	3.493
	3	215.707	19.164	9.277	6.591	5.409	4.757	4.347	4.066	3.863	3.708	3.287	3.098
	4	224.583	19.247	9.117	6.388	5.192	4.534	4.120	3.838	3.633	3.478	3.056	2.866
	5	230.162	19.296	9.013	6.256	5.050	4.387	3.972	3.687	3.482	3.326	2.901	2.711
	6	233.986	19.330	8.941	6.163	4.950	4.284	3.866	3.581	3.374	3.217	2.790	2.599
	7	236.768	19.353	8.887	6.094	4.876	4.207	3.787	3.500	3.293	3.135	2.707	2.514
	8	238.883	19.371	8.845	6.041	4.818	4.147	3.726	3.438	3.230	3.072	2.641	2.447
	9	240.543	19.385	8.812	5.999	4.772	4.099	3.677	3.388	3.179	3.020	2.588	2.393
	10	241.882	19.396	8.786	5.964	4.735	4.060	3.637	3.347	3.137	2.978	2.544	2.348
	11	242.983	19.405	8.763	5.936	4.704	4.027	3.603	3.313	3.102	2.943	2.507	2.310
	12	243.906	19.413	8.745	5.912	4.678	4.000	3.575	3.284	3.073	2.913	2.475	2.278
	13	244.690	19.419	8.729	5.891	4.655	3.976	3.550	3.259	3.048	2.887	2.448	2.250
	14	245.364	19.424	8.715	5.873	4.636	3.956	3.529	3.237	3.025	2.865	2.424	2.225
	15	245.950	19.429	8.703	5.858	4.619	3.938	3.511	3.218	3.006	2.845	2.403	2.203
	16	246.464	19.433	8.692	5.844	4.604	3.922	3.494	3.202	2.989	2.828	2.385	2.184
	17	246.918	19.437	8.683	5.832	4.590	3.908	3.480	3.187	2.974	2.812	2.368	2.167
	18	247.323	19.440	8.675	5.821	4.579	3.896	3.467	3.173	2.960	2.798	2.353	2.151
	19	247.686	19.443	8.667	5.811	4.568	3.884	3.455	3.161	2.948	2.785	2.340	2.137
	20	248.013	19.446	8.660	5.803	4.558	3.874	3.445	3.150	2.936	2.774	2.328	2.124
	22	248.579	19.450	8.648	5.787	4.541	3.856	3.426	3.131	2.917	2.754	2.306	2.102
	24	249.052	19.454	8.639	5.774	4.527	3.841	3.410	3.115	2.900	2.737	2.288	2.082
	26	249.453	19.457	8.630	5.763	4.515	3.829	3.397	3.102	2.886	2.723	2.272	2.066
	28	249.797	19.460	8.623	5.754	4.505	3.818	3.386	3.090	2.874	2.710	2.259	2.052
	30	250.095	19.462	8.617	5.746	4.496	3.808	3.376	3.079	2.864	2.700	2.247	2.039
	32	250.357	19.464	8.611	5.739	4.488	3.800	3.367	3.070	2.854	2.690	2.236	2.028
	34	250.588	19.466	8.606	5.732	4.481	3.792	3.359	3.062	2.846	2.681	2.227	2.018
	36	250.793	19.468	8.602	5.727	4.474	3.786	3.352	3.055	2.839	2.674	2.219	2.009
	38	250.977	19.469	8.598	5.722	4.469	3.780	3.346	3.049	2.832	2.667	2.211	2.001
	40	251.143	19.471	8.594	5.717	4.464	3.774	3.340	3.043	2.826	2.661	2.204	1.994
	50	251.774	19.476	8.581	5.699	4.444	3.754	3.319	3.020	2.803	2.637	2.178	1.966
	60	252.196	19.479	8.572	5.688	4.431	3.740	3.304	3.005	2.787	2.621	2.160	1.946
	70	252.497	19.481	8.566	5.679	4.422	3.730	3.294	2.994	2.776	2.610	2.147	1.932
	80	252.724	19.483	8.561	5.673	4.415	3.722	3.286	2.986	2.768	2.601	2.137	1.922
	90	252.900	19.485	8.557	5.668	4.409	3.716	3.280	2.980	2.761	2.594	2.130	1.913
	100	253.041	19.486	8.554	5.664	4.405	3.712	3.275	2.975	2.756	2.588	2.123	1.907

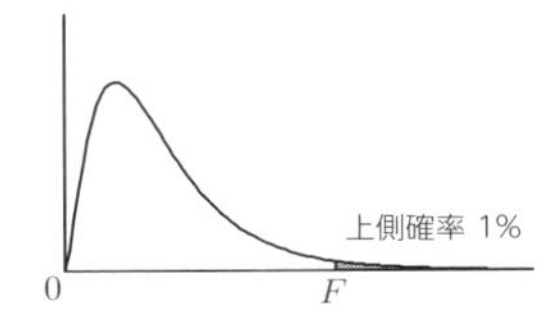

表 A.5　F 分布表（上側 1% 点（行は分母の側の自由度，列は分子側の自由度）

		ν_2											
		1	2	3	4	5	6	7	8	9	10	15	20
ν_1	1	4052.181	98.503	34.116	21.198	16.258	13.745	12.246	11.259	10.561	10.044	8.683	8.096
	2	4999.500	99.000	30.817	18.000	13.274	10.925	9.547	8.649	8.022	7.559	6.359	5.849
	3	5403.352	99.166	29.457	16.694	12.060	9.780	8.451	7.591	6.992	6.552	5.417	4.938
	4	5624.583	99.249	28.710	15.977	11.392	9.148	7.847	7.006	6.422	5.994	4.893	4.431
	5	5763.650	99.299	28.237	15.522	10.967	8.746	7.460	6.632	6.057	5.636	4.556	4.103
	6	5858.986	99.333	27.911	15.207	10.672	8.466	7.191	6.371	5.802	5.386	4.318	3.871
	7	5928.356	99.356	27.672	14.976	10.456	8.260	6.993	6.178	5.613	5.200	4.142	3.699
	8	5981.070	99.374	27.489	14.799	10.289	8.102	6.840	6.029	5.467	5.057	4.004	3.564
	9	6022.473	99.388	27.345	14.659	10.158	7.976	6.719	5.911	5.351	4.942	3.895	3.457
	10	6055.847	99.399	27.229	14.546	10.051	7.874	6.620	5.814	5.257	4.849	3.805	3.368
	11	6083.317	99.408	27.133	14.452	9.963	7.790	6.538	5.734	5.178	4.772	3.730	3.294
	12	6106.321	99.416	27.052	14.374	9.888	7.718	6.469	5.667	5.111	4.706	3.666	3.231
	13	6125.865	99.422	26.983	14.307	9.825	7.657	6.410	5.609	5.055	4.650	3.612	3.177
	14	6142.674	99.428	26.924	14.249	9.770	7.605	6.359	5.559	5.005	4.601	3.564	3.130
	15	6157.285	99.433	26.872	14.198	9.722	7.559	6.314	5.515	4.962	4.558	3.522	3.088
	16	6170.101	99.437	26.827	14.154	9.680	7.519	6.275	5.477	4.924	4.520	3.485	3.051
	17	6181.435	99.440	26.787	14.115	9.643	7.483	6.240	5.442	4.890	4.487	3.452	3.018
	18	6191.529	99.444	26.751	14.080	9.610	7.451	6.209	5.412	4.860	4.457	3.423	2.989
	19	6200.576	99.447	26.719	14.048	9.580	7.422	6.181	5.384	4.833	4.430	3.396	2.962
	20	6208.730	99.449	26.690	14.020	9.553	7.396	6.155	5.359	4.808	4.405	3.372	2.938
	22	6222.843	99.454	26.640	13.970	9.506	7.351	6.111	5.316	4.765	4.363	3.330	2.895
	24	6234.631	99.458	26.598	13.929	9.466	7.313	6.074	5.279	4.729	4.327	3.294	2.859
	26	6244.624	99.461	26.562	13.894	9.433	7.280	6.043	5.248	4.698	4.296	3.264	2.829
	28	6253.203	99.463	26.531	13.864	9.404	7.253	6.016	5.221	4.672	4.270	3.237	2.802
	30	6260.649	99.466	26.505	13.838	9.379	7.229	5.992	5.198	4.649	4.247	3.214	2.778
	32	6267.171	99.468	26.481	13.815	9.357	7.207	5.971	5.178	4.628	4.227	3.194	2.758
	34	6272.932	99.470	26.461	13.794	9.338	7.189	5.953	5.159	4.610	4.209	3.176	2.739
	36	6278.058	99.471	26.442	13.776	9.321	7.172	5.936	5.143	4.594	4.193	3.160	2.723
	38	6282.648	99.473	26.426	13.760	9.305	7.157	5.922	5.129	4.580	4.178	3.145	2.708
	40	6286.782	99.474	26.411	13.745	9.291	7.143	5.908	5.116	4.567	4.165	3.132	2.695
	50	6302.517	99.479	26.354	13.690	9.238	7.091	5.858	5.065	4.517	4.115	3.081	2.643
	60	6313.030	99.482	26.316	13.652	9.202	7.057	5.824	5.032	4.483	4.082	3.047	2.608
	70	6320.550	99.485	26.289	13.625	9.176	7.032	5.799	5.007	4.459	4.058	3.022	2.582
	80	6326.197	99.487	26.269	13.605	9.157	7.013	5.781	4.989	4.441	4.039	3.004	2.563
	90	6330.592	99.488	26.253	13.590	9.142	6.998	5.766	4.975	4.426	4.025	2.989	2.548
	100	6334.110	99.489	26.240	13.577	9.130	6.987	5.755	4.963	4.415	4.014	2.977	2.535

A.5 ● ウィルコクソンの符号順位和検定のための数表

対応のある二群のサンプルに対するノン・パラメトリック検定の一つである，ウィルコクソンの符号順位和検定のための値である。なお，ここでは，両側検定についてのみ記載している。S と下記の表の値を比較し，この値よりも小さければ帰無仮説は棄却され，2 つの群の分布に差があると判定される。

表 A.6　ウィルコクソンの符号順位和検定のための数表（有意水準 5% と 1%）

n	有意水準 5%	有意水準 1%
5	—	—
6	0	—
7	2	—
8	3	0
9	5	1
10	8	3
11	10	5
12	13	7
13	17	9
14	21	12
15	25	15
16	29	19
17	34	23
18	40	27
19	46	32
20	52	37
21	58	42
22	65	48
23	73	54
24	81	61
25	89	68

A.6 ● ウィルコクソンの順位和検定のための数表

2 つの群のサンプルが同じ母集団から抽出されたかに関するノン・パラメトリック検定であるウィルコクソンの順位和検定に関する数表である。有意水準 5% と 1% に関する表で，二群のサンプルサイズ n_1, n_2（ただし $n_1 \leq n_2$）について該当する数値を参照する。なお，$w_{n_1,n_2}/W_{n_1,n_2}$ 形式で表示しているが，w_{n_1,n_2}, W_{n_1,n_2} は (4.49) 式の検定統計量 T のそれぞれの有意水準における下限と上限である。したがって T がこれらの値を含めてその間にあれば帰無仮説は棄却されず，二群間に差はないと判定される。なお，ウィルコクソンの順位和検定は，マン・ホイットニーの U 検定としても知られている。

表 A.7　ウィルコクソンの順位和検定（有意水準 5%）

		n_2											
		4	5	6	7	8	9	10	11	12	13	14	15
n_1	2	—	—	—	—	3/19	3/21	3/23	3/25	4/26	4/28	4/30	4/32
	3	—	6/21	7/23	7/26	8/28	8/31	9/33	9/36	10/38	10/41	11/43	11/46
	4	10/26	11/29	12/32	13/35	14/38	14/42	15/45	16/48	17/51	18/54	19/57	20/60
	5	—	17/38	18/42	20/45	21/49	22/53	23/57	24/61	26/64	27/68	28/72	29/76
	6	—	—	26/52	27/57	29/61	31/65	32/70	34/74	35/79	37/83	38/88	40/92
	7	—	—	—	36/69	38/74	40/79	42/84	44/89	46/94	48/99	50/104	52/109
	8	—	—	—	—	49/87	51/93	53/99	55/105	58/110	60/116	62/122	65/127
	9	—	—	—	—	—	62/109	65/115	68/121	71/127	73/134	76/140	79/146
	10	—	—	—	—	—	—	78/132	81/139	84/146	88/152	91/159	94/166

表 A.8　ウィルコクソンの順位和検定（有意水準 1%）

		n_2										
		5	6	7	8	9	10	11	12	13	14	15
n_1	3	—	—	—	—	6/33	6/36	6/39	7/41	7/44	7/47	8/49
	4	—	10/34	10/38	11/41	11/45	12/48	12/52	13/55	13/59	14/62	15/65
	5	15/40	16/44	16/49	17/53	18/57	19/67	20/65	21/69	22/73	22/78	23/82
	6	—	23/55	24/60	25/65	26/70	27/75	28/80	30/84	31/89	32/94	33/99
	7	—	—	32/73	34/78	35/84	37/89	38/95	40/100	41/106	43/111	44/117
	8	—	—	—	43/93	45/99	47/105	49/111	51/117	53/123	54/130	56/136
	9	—	—	—	—	56/115	58/122	61/128	63/135	65/142	67/149	69/156
	10	—	—	—	—	—	71/139	73/147	76/154	79/161	81/169	84/176

付録 B

数理モデルの詳細

「本章では，本文中で紹介した分析手法やモデルに関する数理的背景について説明する。説明に際してはできる限り省略せず，解を導く過程を記述した。昨今，さまざまな便利な分析プログラム・ソフトウェアが利用可能であるが，一度その分析過程を追うことで，その内容について理解して欲しい。」

B.1 ● 不偏分散の導出

不偏性とは統計量の期待値が母集団の統計値と一致する性質を言う。不偏性をもつ推定量を**不偏推定量**と呼ぶ。平均が μ である母集団からのサンプル $x_i (i = 1, 2, \cdots, n)$ について標本平均を $\bar{x}$ とするが，$\bar{x}$ は μ の不偏推定量である。標本分散は，

$$s^2 = \frac{1}{n}\sum_{i=1}^{n}(x_i - \bar{x})^2$$
$$= \frac{1}{n}\sum_{i=1}^{n}\{(x_i - \mu) - (\mu - \bar{x})\}^2 = \frac{1}{n}(x_i - \mu)^2 - (\mu - \bar{x})^2 \quad \text{(B.1)}$$

となる。このとき，標本分散の期待値は，

$$E[s^2] = \frac{1}{n}\sum_{i=1}^{n}E[(x_i - \bar{x})^2] - E[(\bar{x} - \mu)^2] \quad \text{(B.2)}$$

である。一方，母分散 σ^2 は，

$$\sigma^2 = E[(x_i - \mu)^2] \quad \text{(B.3)}$$

であるので，(B.2) 式と (B.3) 式を比較すると，標本分散の期待値は母分散に比べて $E[(\bar{x} - \mu)]^2$ だけ小さくなる。このように，標本分散は母分散と等しくないため，不偏推定量とならない。

ここで，

$$E[(\bar{x} - \mu)^2] = \frac{1}{n}E[(x_i - \mu)^2] = \frac{1}{n}\sigma^2 \quad \text{(B.4)}$$

であるので，これを (B.2) 式に代入する。すると，

$$E[s^2] = \sigma^2 - E[(\bar{x} - \mu)^2] = \sigma^2 - \frac{1}{n}\sigma^2 \quad \text{(B.5)}$$

であるので，これを σ^2 について解くと，

$$\sigma^2 = \frac{n}{n-1}s^2 = \frac{1}{n-1}\sum_{i=1}^{n}(x_i - \bar{x})^2 \quad \text{(B.6)}$$

となるため，

$$\hat{\sigma}^2 = \frac{1}{n-1}\sum_{i=1}^{n}(x_i - \bar{x})^2 \quad \text{(B.7)}$$

が不偏分散として得られる。

B.2 ● 最尤法

尤度とは，そのままを読めば「もっともらしさの度合い」を示す。統計分析においては，データが従う確率分布を事前に仮定し，得られたサンプルについてその分布に従った場合の生起の様子から尤度関数を定義する。データが従う分布のパラメータの集合を $\boldsymbol{\theta}$ としたとき，これを変数とした尤度関数が得られる。

最尤法は，この尤度関数を最大にするようなパラメータを求めて分布を特定しようというものである。

一変量のデータについて，サンプル $\boldsymbol{x} = (x_1, x_2, \cdots, x_n)^\top$ が得られている場合を考える。

確率変数が離散値で離散確率分布を仮定した場合は，尤度関数は各ケースの生起確率の積として表される。独立の確率変数の生起確率がパラメータ $\boldsymbol{\theta}$ を持つ確率質量関数 $\Pr\{X = x|\boldsymbol{\theta}\} = p(x|\boldsymbol{\theta})$ に従う時，尤度関数は次のように与えられる。

$$L(\boldsymbol{\theta}|\boldsymbol{x}) = \prod_{i=1}^{n} p(x_i|\boldsymbol{\theta}) \tag{B.8}$$

また，(B.9) 式のように確率変数が連続確率分布に従う場合は，その確率密度関数 $f(x|\boldsymbol{\theta})$ の積で表される。

$$L(\boldsymbol{\theta}|\boldsymbol{x}) = \prod_{i=1}^{n} f(x_i|\boldsymbol{\theta}) \tag{B.9}$$

最尤法では，これら尤度関数を最大にするようなパラメータを求めるが，尤度関数は積の形であるため，サンプルサイズが大きくなると限りなく 0 に近づく。こうした関数をコンピュータで計算させようとすると尤度そのものを表現できなかったり，無視できない計算誤差が発生するなどの問題を生じる可能性があるため，対数変換した**対数尤度関数**を最大化する目的関数として用いる。

図 B.1 に示すように，変数 x の定義域を 0 より大きい実数とすれば，その対数関数 $\ln x$ は連続な狭義単調増加関数となるため，対数尤度関数を最大化することと元の尤度関数を最大化することは同義である。

簡単な例で最尤法を説明する。今，少し歪んだコインがあり，表の方が裏よりも出やすそうである。コインを 10 回投げて表と裏が出た回数を数え上げたところ，表が 7 回，裏が 3 回出たとする。ここで各試行は表が出る確率が p，裏が出る確率が $(1-p)$ としたベルヌーイ分布に従うとすると，表が 7 回，裏が 3 回出る場合の尤度関数は二項分布から導かれ，

$$L(p|\boldsymbol{x}) = {}_{10}C_7 p^7 (1-p)^3 \tag{B.10}$$

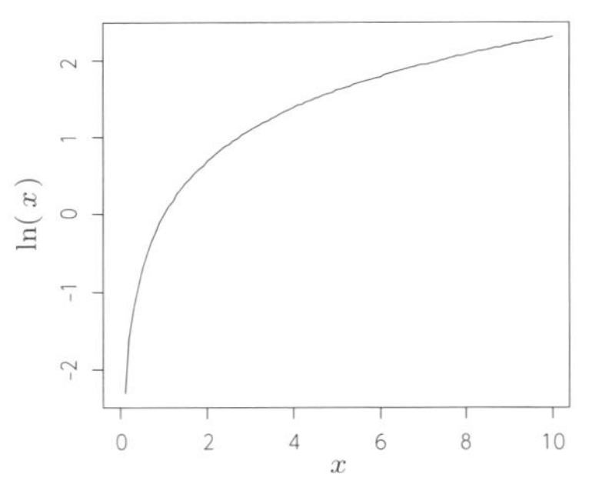

図 B.1　対数関数

となる。このとき，対数尤度関数は，

$$\ln L(p|\boldsymbol{x}) = \ln({}_{10}C_7) + 7\ln p + 3\ln(1-p) \tag{B.11}$$

となる。したがって，パラメータ p に関する最適性の条件として一次微分しその値が 0 になる p を求める。すなわち，

$$\frac{\partial \ln L(p|\boldsymbol{x})}{\partial p} = \frac{\partial\{\ln({}_{10}C_7) + 7\ln p + 3\ln(1-p)\}}{\partial p} = \frac{7}{p} - \frac{3}{1-p} = 0 \tag{B.12}$$

より $p = 0.7$ となる。

また，x_i $(i = 1, 2, \cdots, n)$ が平均が μ，分散が σ^2 の正規分布に従うと仮定し，これら二つのパラメータを最尤法により推定する。

尤度関数は，

$$L(\mu, \sigma^2|\boldsymbol{x}) = \left(\frac{1}{2\pi\sigma^2}\right)^{\frac{n}{2}} \prod_{i=1}^{n} \exp\left\{-\frac{(x_i-\mu)^2}{2\sigma^2}\right\} \tag{B.13}$$

となるため，この対数尤度は，

$$\ln L(\mu, \sigma^2|\boldsymbol{x}) = -\frac{n}{2}\ln\{2\pi\sigma^2\} - \frac{1}{2\sigma^2}\sum_{i=1}^{n}(x_i-\mu)^2 \tag{B.14}$$

で与えられる。ここで，分散 σ^2 を固定しておいて平均 μ について偏微分すると，

$$\frac{\partial \ln L(\mu, \sigma^2|\boldsymbol{x})}{\partial \mu} = \frac{1}{\sigma^2}\sum_{i=1} n(x_i-\mu) \tag{B.15}$$

が得られ，また分散 σ^2 について偏微分すると，

$$\frac{\partial \ln L(\mu, \sigma^2|\boldsymbol{x})}{\partial \sigma^2} = -\frac{n}{2\sigma^2} - \frac{1}{2\sigma^4}\sum_{i=1}^{n}(x_i-\mu)^2 \tag{B.16}$$

となる。ここから尤度を最大にする μ と σ^2 はそれぞれ

$$\mu^* = \frac{\sum_{i=1}^{n} x_i}{n}, \quad \sigma^{2*} = \frac{\sum_{i=1}^{n}(x_i - \mu)^2}{n} \tag{B.17}$$

と得られる。尤度の観点からは分散の最尤推定量は $\mu = \mu^*$ としたときの標本分散となるが，不偏分散について説明したように，母平均を標本平均で置き換えているため標本分散は母集団に対して不偏性を有しない。したがって，σ^2 の推定値としては不偏分散を用いるほうが望ましい。

B.3 ● 回帰分析の数理

回帰分析はモデルは単純であるが，理論的背景が明確であるため分析結果からさまざまな情報を得ることができる。以下では回帰分析に関するさまざまな数理的特徴を述べる。

B.3.1 ● 最小 2 乗法と正規方程式

回帰分析では，ケース i の目的変数 y_i をその説明変数 $x_{i1}, x_{i2}, \cdots, x_{ip}$ の線形結合で表現する。ただし，説明変数以外からの影響もあるため，説明変数で表されない変動を残差 ε_i として表す。すなわち，

$$y_i = \beta_0 + \sum_{j=1}^{p} \beta_i x_{ij} + \varepsilon_i \tag{B.18}$$

として表すことができる。ここで，残差を除いた部分から得られる値をモデルから予測される値として $\hat{y}_i$ として表す。回帰分析では，できるだけモデルの部分で目的変数をうまく表すようにパラメータ $\beta_0, \beta_1, \beta_2, \cdots, \beta_p$ を求める。つまり，残差が小さくなるようにパラメータを求めることになるので，ここでは残差の 2 乗和を最小にすることを考える。残差 2 乗和は次の式で与えられる。

$$Q = \sum_{i=1}^{n} \varepsilon_i^2 = \sum_{i=1}^{n} (y_i - \hat{y}_i)^2 = \sum_{i=1}^{n} \left\{ y_i - \left(\beta_0 + \sum_{j=1}^{p} \beta_j x_{ij} \right) \right\}^2 \tag{B.19}$$

(B.19) 式は二次関数であるため，各パラメータで偏微分した関数が同時に 0 となるパラメータを求めればよい。すなわち，

$$\frac{\partial Q}{\partial \beta_0} = -2 \sum_{i=1}^{n} \left\{ y_i - \left(\beta_0 + \sum_{j=1}^{p} \beta_j x_{ij} \right) \right\} = 0 \tag{B.20}$$

$$\frac{\partial Q}{\partial \beta_j} = -2 x_{ij} \sum_{i=1}^{n} \left\{ y_i - \left(\beta_0 + \sum_{k=1}^{p} \beta_k x_{ik} \right) \right\} = 0, \quad j = 1, 2, \cdots, p \tag{B.21}$$

となる。これを整理すると，

$$\sum_{i=1}^{n} y_i = \sum_{i=1}^{n}\left(\beta_0 + \sum_{k=1}^{p}\beta_k x_{ik}\right) \tag{B.22}$$

$$\sum_{i=1}^{n} x_{ij} y_i = \sum_{i=1}^{n}\left(\beta_0 + \sum_{k=1}^{p}\beta_k x_{ik}\right) x_{ij}, \quad j = 1, 2, \cdots, p \tag{B.23}$$

が得られる。

したがって，$\beta_0, \beta_1, \beta_2, \cdots, \beta_p$ に関して，上記の連立 $p+1$ 次方程式を解けばよい。$p=1$ の場合は最初に β_0 について求め，その解を用いて β_1 を簡単に求めることができる。しかし，$p>1$ の場合は代数的に解くことは大変である。

そこで，これらをまとめて行列で考える。

今，目的変数と説明変数，パラメータを下記のようなベクトルもしくは行列で表す。ただし説明変数については共通の切片項に相当するすべての要素が 1 であるような列ベクトルを加える。

$$\boldsymbol{y} = \begin{bmatrix} y_1 \\ y_2 \\ \vdots \\ y_i \\ \vdots \\ y_n \end{bmatrix}, \quad X = \begin{bmatrix} 1 & x_{11} & x_{12} & \cdots & x_{1j} & \cdots & x_{1p} \\ 1 & x_{21} & x_{22} & \cdots & x_{2j} & \cdots & x_{2p} \\ \vdots & \vdots & \vdots & \ddots & \vdots & \ddots & \vdots \\ 1 & x_{i1} & x_{i2} & \cdots & x_{ij} & \cdots & x_{ip} \\ \vdots & \vdots & \vdots & \ddots & \vdots & \ddots & \vdots \\ 1 & x_{n1} & x_{n2} & \cdots & x_{nj} & \cdots & x_{np} \end{bmatrix}, \quad \boldsymbol{\beta} = \begin{bmatrix} \beta_0 \\ \beta_1 \\ \beta_2 \\ \vdots \\ \beta_j \\ \vdots \\ y_p \end{bmatrix} \tag{B.24}$$

このとき，残差平方和 Q は次の式で与えられる。

$$Q = (\boldsymbol{y} - X\boldsymbol{\beta})^\top(\boldsymbol{y} - X\boldsymbol{\beta}) = \boldsymbol{y}^\top\boldsymbol{y} - 2\boldsymbol{y}^\top X\boldsymbol{\beta} + \boldsymbol{\beta}^\top X^\top X\boldsymbol{\beta} \tag{B.25}$$

ここで Q をパラメータのベクトル $\boldsymbol{\beta}$ で微分し，すべての要素が 0 になる $\boldsymbol{\beta}$ を求めればよい。すなわち，

$$\frac{\partial Q}{\partial \boldsymbol{\beta}} = -2\boldsymbol{y}^\top X + 2X^\top X\boldsymbol{\beta} = \boldsymbol{0} \tag{B.26}$$

となる。(B.26) 式は (B.22) 式と (B.23) 式と同等であり**正規方程式**と呼ばれ，行列計算のみで最適なパラメータ値を求めることができる。すなわち，これを $\boldsymbol{\beta}$ について解いて，

$$\boldsymbol{\beta}^* = (X^\top X)^{-1} X^\top \boldsymbol{\beta} \tag{B.27}$$

が得られる。

B.3.2 ● 回帰分析における最尤法

回帰分析を別の視点で考えてみよう。前節では目的変数の観測値と予測値の差である残差をなるべく小さくすることを目的として最適化問題を解いたが，むしろ残差は残るものとして残差が当てはまる分布を仮定することを考える。

残差 ε_i が平均が 0，分散が σ^2 である同一の正規分布に独立に従うとする。このとき，残差の尤度 L は以下のように定式化できる。

$$\begin{aligned} L &= \prod_{i=1}^{n} \frac{1}{\sqrt{2\pi\sigma^2}} \exp\left\{-\frac{(y_i - \hat{y}_i)^2}{2\sigma^2}\right\} \\ &= \prod_{i=1}^{n} \frac{1}{\sqrt{2\pi\sigma^2}} \exp\left\{-\frac{\left(y_i - \left(\beta_0 + \sum_{j=1}^{p} \beta_j x_{ij}\right)\right)^2}{2\sigma^2}\right\} \\ &= \left(\frac{1}{\sqrt{2\pi\sigma^2}}\right)^n \prod_{i=1}^{n} \exp\left\{-\frac{\left(y_i - \left(\beta_0 + \sum_{j=1}^{p} \beta_j x_{ij}\right)\right)^2}{2\sigma^2}\right\} \end{aligned} \tag{B.28}$$

ここで，対数尤度 $\ln L$ を求めると，

$$\ln L = n \ln\left(\frac{1}{\sqrt{2\pi\sigma^2}}\right) - \sum_{i=1}^{n} \left\{y_i - \left(\beta_0 + \sum_{j=1}^{p} \beta_j x_{ij}\right)\right\}^2 - n\ln(2\sigma^2) \tag{B.29}$$

(B.29) 式右辺の第 1 項と第 3 項は定数となるため，対数尤度 $\ln L$ を最大にすることは，第 2 項を最小にするような $\beta_j, j = 0, 1, 2, \cdots, p$ を求めることになる。この部分は残差 2 乗和最小化問題と等価である。このように，回帰分析においては残差が独立に同一の正規分布に従うと仮定されていることになる。

B.3.3 ● 回帰モデルの評価

一般的な回帰分析のためのソフトウェアからは，統計的な見地からのモデルの評価値が多数計算される。以下では代表的な評価値について概説する。

(1)　分散分析

分散分析は，複数の母集団から抽出したサンプルの平均が等しいといえるか，それとも等しいとはいえないかを分析するための統計的手法である。二群の平均

値の差を比較するときは，その差分について t 検定を行えばよかったが，三群以上の場合は，それぞれの母集団についてその平均値を基準とした分散と，全体の平均値を基準にした場合に分散がどの程度異なるかを F 検定により評価する。また，影響を与える要因が一つでなく複数ある場合の分散分析もあるが，これらの方法については[14]など他書に譲る。

回帰分析では，この考えを応用し「回帰モデルを仮定した場合」と「回帰モデルを仮定しなかった場合」を比較して，回帰モデルを仮定することにより，残差分散が回帰モデルを仮定しなかったときと比較して小さくなったかどうかを統計的に検定する。

分散分析に先立ち，目的変数 y_i の平均値 $\bar{y}$ に対する平方和を (B.30) 式のように回帰モデルから得られる予測値 $\hat{y}_i$ を用いて分解する。

$$\underbrace{\sum_{i=1}^{n}(y_i-\bar{y})^2}_{S_T}=\underbrace{\sum_{i=1}^{n}(\hat{y}_i-\bar{y})^2}_{S_R}+\underbrace{\sum_{i=1}^{n}(y_i-\hat{y}_i)^2}_{S_\varepsilon} \tag{B.30}$$

S_T, S_R, S_ε はそれぞれ総平方和，モデルの平方和，残差平方和である。

これを用いて，分散分析は表 B.1 のように記述される。

表 B.1　回帰分析における分散分析

変動要因	自由度	変動	分散	分散比	有意確率
回帰	p	S_R	$V_R=S_R/p$	$F^*=V_R/V_\varepsilon$	$F_{(p,n-p-1)}(F^*)$
残差	$n-p-1$	S_ε	$V_\varepsilon=S_\varepsilon/(n-p-1)$		
合計	$n-1$	S_T			

回帰分析では全変動を回帰モデルによる変動と残差の変動に分解し，それぞれの自由度で割ることで，1 自由度当たりのばらつきを求める。これらは χ^2 分布に従い，その比である分散比 F^* は自由度 $(p,n-p-1)$ の F 分布に従う。もしも，回帰モデルが有効に働き，目的変数 y の変動をうまく表現できているならば残差の変動は小さくなる。この場合，分散比は 1 よりもはるかに大きくなる。しかし，回帰モデルが有効に働かず，目的変数の変動をうまく捉えられていなければ，回帰モデルを仮定しない場合と比較して大差ない予測結果となり，このときの分散比は 1 に近くなる。したがって，求められた分散比 F^* の値以上が生起する確率を，有意水準の限界値と比較することで，回帰モデルが有意であるか否かを評価することができる。一般的な分散分析表では最後の列に有意確率が表示され，例えば有意水準を 5% とするならば，F^* が上側の累積確率 5% までの範囲

に入れば有意と判定される。

ただし，分散分析からはモデルそのものの有意性についてのみ評価するため，予測の精度などは次節の評価値と併せて評価する。

(2) 目的変数の当てはまり評価

重相関係数

重相関係数は，目的変数の観測値 y_i と回帰モデルによる予測値 $\hat{y}_i$ の相関係数であり [0,1] の値をとる。重相関係数の値が大きいほど予測値が観測値に近く，より良い予測ができていることを示している。$\bar{y} = \bar{\hat{y}}$ であることから，重相関係数は以下の式で求められる。

$$R = \frac{\displaystyle\sum_{i=1}^{n}(y_i - \bar{y})(\hat{y}_i - \bar{y})}{\sqrt{\displaystyle\sum_{i=1}^{n}(y_i - \bar{y})^2}\sqrt{\displaystyle\sum_{i=1}^{n}(\hat{y}_i - \bar{y})^2}} \tag{B.31}$$

決定係数

回帰分析における**決定係数**は，目的変数の変動のうち回帰モデルによってどの程度吸収できたかを示す指標である。

回帰モデルにより残差が小さくなれば，(B.30) 式に関して，右辺の第 1 項が大きくなり，第 2 項が小さくなる。回帰分析における決定係数は (B.30) 式の左辺の総平方和を，回帰モデルがどの程度含んでいるかを表した指標であり，

$$R^2 = \frac{S_R}{S_T} = 1 - \frac{S_\varepsilon}{S_T} = 1 - \frac{\displaystyle\sum_{i=1}^{n}(y_i - \hat{y}_i)^2}{\displaystyle\sum_{i=1}^{n}(y_i - \bar{y})^2} \tag{B.32}$$

として定義される。なお，左辺の記号が示すように決定係数は重相関係数の 2 乗の値となる。したがって，決定係数についても 1 に近い方が当てはまりが良い。

自由度調整済み決定係数

決定係数は説明変数を増やせば大きくなる。また，サンプルサイズが小さければ決定係数は大きくなる傾向を持つ。

そこで，自由度をもとにサンプルサイズと説明変数の数についていわばペナルティを課すことによって，過度の当てはまっている可能性があることへの注意を

促すための指標が**自由度調整済み決定係数**である。自由度調整済み決定係数は，(B.32) 式の S_ε, S_T の代わりにそれぞれの自由度で割った目的変数の分散および残差分散を用いる。自由度調整済み決定係数は (B.33) 式で定義される。

$$R'^2 = 1 - \frac{S_\varepsilon/(n-p-1)}{S_T/(n-1)} = 1 - \frac{\displaystyle\sum_{i=1}^{n} \frac{(y_i - \hat{y}_i)^2}{n-p-1}}{\displaystyle\sum_{i=1}^{n} \frac{(y_i - \bar{y})^2}{n-1}} \tag{B.33}$$

なお，自由度については $n-1 > n-p-1$ であるため，二つの決定係数の関係は $R'^2 < R^2$ となるが，サンプルサイズが大きくなる，すなわち n が大きくなればこれらの差は小さくなるため，自由度調整済み決定係数は本来の決定係数に近づく。また，目的変数と関係がないような説明変数を採用したとき，S_ε の値がほとんど変わらなくても $n-p-1$ は p が増えるため小さくなる。そのため，自由度調整済み決定係数は小さくなることもある。こうした性質から，変数選択の指標としても利用できる。ただし，変数選択手法としては，AIC によるものや F 比を用いたものが一般的である。

(3)　係数の評価

(B.27) 式の正規方程式を解いて得られるパラメータ β_j については，得られたサンプルに対して得られたものであり，サンプルを増やしたり，同じ母集団から別のサンプルを抽出して再度回帰係数を求めるとこの値は変わる。したがって，係数についても統計的見地から目的変数に対して統計的に有意に影響があるかどうかを評価することが求められる。

回帰係数 β_j の推定値 $\hat{\beta}_j$ の分散は，

$$V(\beta_j) = s_{\beta_j}^2 = \frac{S_\varepsilon}{\displaystyle\sum_{i=1}^{n} (x_{ij} - \bar{x}_j)^2} \tag{B.34}$$

として得られる。そしてこのとき**標準誤差**は $\sqrt{s_{\beta_j}^2}$ となる。$\hat{\beta}_j$ を (B.34) 式から求められる標準誤差で割った値を回帰係数の統計検定量とする。すなわち，

$$t_j^* = \frac{\hat{\beta}_j}{s_{\beta_j}} \tag{B.35}$$

となる。

t_j^* は自由度 $n-2$ の t 分布に従うので，有意水準を設定しその限界値と比較す

ることにより回帰係数の検定が行える。特に，回帰係数が 0 であるかどうかは，目的変数の変動に対してその説明変数が影響を与えているかどうかを評価するため，統計的視点から検定することが良く行われる。

すなわち，帰無仮説と対立仮説を，

$$\begin{cases} H_0: & \beta_j = 0 \\ H_1: & \beta_j \neq 0 \end{cases} \tag{B.36}$$

と設定する。自由度 $n-2$ の 97.5% 点の値を $t_{n-2}(0.025)$ として，$|t^*| > t_{n-2}(0.025)$ であれば，帰無仮説を棄却でき，その説明変数と目的変数の間に有意に因果関係を認めることができる。逆に，$|t^*| \leq t_{n-2}(0.025)$ であれば，帰無仮説を棄却できず，x_j と y の間に因果関係が認められないと判定される。

B.4 ● 多項ロジット・モデルの算出

多項ロジット・モデルでは，i 番目の選択対象の効用をモデルによって表現される確定的効用 V_i と，**二重指数分布**（もしくは第一種極値分布）と呼ばれる一山の連続分布に従う確率的効用 ε_i の和として表す。

多項ロジット・モデルで用いる二重指数分布の累積分布関数および確率密度関数は (B.37), (B.38) の通りである。

$$F(x) = 1 - \exp\{-\exp\{-bx\}\} \tag{B.37}$$

$$f(x) = b\exp\{-bx\}\exp\{-\exp\{-bx\}\} \tag{B.38}$$

なお，b は分散を制御する母数であり，この分布の平均は γ/b，分散は $6/b^2$ であり，γ はオイラー定数（≒ 0.577）である。$b = 1$ の時の二重指数分布の確率密度関数を図 B.2 に示す。

ここで，対象 i への効用を U_i とすると，$U_i = V_i + \varepsilon_i$ と記述できる。

今，m 種類の製品から一つの商品を選択するという場合を考える。1 番目の商品が選択されるのは，それ以外のすべての商品の効用を上回る場合であるので，その選択確率 p_1 は，

$$p_1 = \Pr\{U_1 > U_2\} \times \Pr\{U_1 > U_3\} \times \cdots \times \Pr\{U_1 > U_m\} \tag{B.39}$$

として表される。ここで，確率変数に関する計算を行うと，

$$p_1 = \int_{-\infty}^{\infty} f(x)F(V_2 - V_1 + x)F(V_3 - V_1 + x)\cdots F(V_m - V_1 + x)\mathrm{d}x \tag{B.40}$$

となるので，これに確率分布関数，確率密度関数をそれぞれ当てはめて計算す

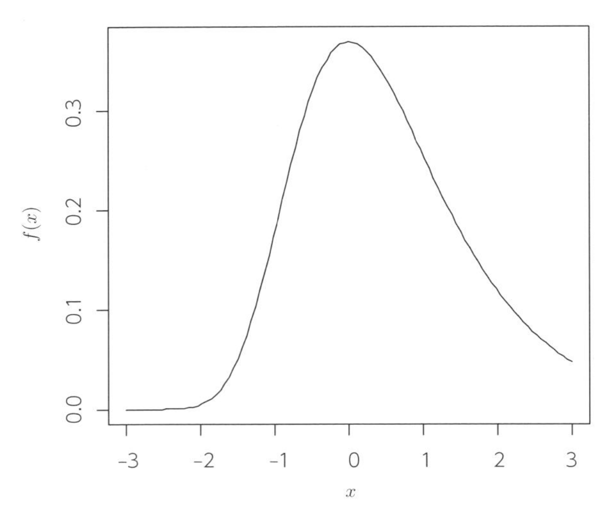

図 B.2　二重指数分布の確率密度関数

ると，

$$p_1 = \int_{-\infty}^{\infty} \left[\prod_{j=2}^{m} \exp\left\{ -\mathrm{e}^{-b(V_j - V_1 + x)} \right\} \right] b\mathrm{e}^{-bx} \exp\left\{ -\mathrm{e}^{-bx} \right\} \mathrm{d}x$$

$$= \int_{-\infty}^{\infty} \exp\left\{ - \sum_{j=2}^{m} \mathrm{e}^{-b(V_j - V_1 + x)} \right\} b\mathrm{e}^{-bx} \exp\left\{ -\mathrm{e}^{-bx} \right\} \mathrm{d}x \qquad \text{(B.41)}$$

が得られる。ここで $z = x + V_1$ して代入し，計算を進めると以下のとおり多項ロジット・モデルが得られる。

$$p_1 = \exp\{bV_1\} \int_{-\infty}^{\infty} b \exp\left\{ -\mathrm{e}^{-by} \sum_{j=1}^{m} \mathrm{e}^{bV_j} \right\} \mathrm{e}^{-by} \mathrm{d}y$$

$$= \frac{\exp\{bV_1\}}{\sum_{j=1}^{m} \exp\{bV_j\}} \int_{-\infty}^{\infty} b \sum_{j=1}^{m} \mathrm{e}^{bV_j} \exp\left\{ -\mathrm{e}^{-by} \sum_{j=1}^{m} \mathrm{e}^{bV_1} \right\} e^{-by} \mathrm{d}y$$

$$= \frac{\exp\{bV_1\}}{\sum_{j=1}^{m} \exp\{bV_j\}} \left[\exp\left\{ -\mathrm{e}^{-by} \sum_{j=1}^{m} \mathrm{e}^{bV_j} \right\} \right]_{-\infty}^{\infty} = \frac{\exp\{bV_1\}}{\sum_{j=1}^{m} \exp\{bV_j\}} \qquad \text{(B.42)}$$

実際の分析においては，確定的効用 V_i を何らかの変数による関数として表し，関数のパラメータを求める。その際に，サンプルのケースごとに各対象の選択確率を計算し，実際に選択された選択対象に該当する選択確率について同時確率を求める。これを尤度として最尤推定により確定的効用 V_i のパラメータを求める。

上記の選択確率の計算について，ケースの変数 t を導入する。確定的効用を変数ベクトル $\boldsymbol{x}_{it}$ とそのパラメータ $\boldsymbol{\beta}$ によって，$V_{it} = f(\boldsymbol{\beta}, \boldsymbol{x}_{it})$ として表す。このときケース t における対象 i の選択確率は，

$$p_{it} = \frac{\exp\{f(\boldsymbol{\beta}, \boldsymbol{x}_{it})\}}{\displaystyle\sum_{j=1}^{m} \exp\{f(\boldsymbol{\beta}, \boldsymbol{x}_{jt})\}} \tag{B.43}$$

となる。y_{it} をケース t において対象 i が選択されたか否かを示す二値変数とする。したがって，y_{it} は各ケースである 1 つの対象のみ 1 となり他は 0 となる。このとき尤度は，

$$L(\boldsymbol{\beta}) = \prod_{t} \prod_{i=1}^{m} p_{it}^{y_{it}} \tag{B.44}$$

として得られる。

なお，多項ロジット・モデルのパラメータの統計的検定として t 検定が用いられる。そのためにパラメータの標準誤差を求める必要があるが，回帰分析のように直接求められないため，フィッシャー情報行列から求める[25]。

ロジット・モデルの数学上の制約として **IIA**（Independence from Irrelevant Alternatives：**無関係の選択肢からの独立**）**特性**がある。

例えば即席めんカテゴリでいえば，即席うどんの新商品が発売された場合，既存の即席うどんからブランド・スイッチする顧客は多いかもしれないが，同じ即席めんであってもカップ焼きそばからのスイッチはそれほど多くないと考えられる場合も多い。しかし，基本的なロジット・モデルではこうした構造を評価できない。

例えば 2 つの商品 A, B があり，それらの市場シェアが 40%:60% であったとしよう。そこに新商品 C が登場し，市場シェアを 20% 獲得したとする。市場サイズは変わらないとし，商品選択行動がロジット・モデルに従うと仮定すると，商品 C の市場シェアは 40%:60% の割合，すなわち商品 A から 8%，商品 B から 12% を奪うことになる。

こうした制約を緩和するモデルとして，GEV (generalized extreme value) モデルがある。またこの特殊形である入れ子型ロジット・モデルなどがよく用いられる。

B.5 ● 主成分分析の数理

第 6 章で述べたように，主成分分析は複数の変量をまとめた総合指標である主成分を，データ全体の違いがよく表現されるよう差異が最も大きくなるように求める。すなわち主成分の分散が最大になるように定める。

サンプルサイズ n の分析対象について p 変数が観測されており観測値を x_{ij} $(i = 1, 2, \cdots, n;\ j = 1, 2, \cdots, p)$ とする。

このとき求める総合指標を，

$$z_i = a_1 x_{i1} + a_2 x_{i2} + \cdots + a_p x_{ip} \tag{B.45}$$

として得ることを考える。$\bar{z}$ を z_i の平均，第 j 変数と第 k 変数の共分散 s_{jk} を用いると，z_i の分散は，

$$V(z) = \frac{1}{n-1}\sum_{i=1}^{m}(z_i - \bar{z})^2 = \sum_{j=1}^{p}\sum_{k=1}^{p} s_{jk} a_j a_k \tag{B.46}$$

として表される。このままで $V(z)$ を求めようとすると，a_j を大きくすればいくらでも大きくできるため，

$$\sum_{j=1}^{p} a_j^2 = 1 \tag{B.47}$$

という制約を置く。このとき，最適な a_j $(j = 1, 2, \cdots, p)$ はラグランジュ未定乗数法によって求めることができる。ラグランジュ関数は，

$$f(a_1, a_2, \cdots, a_p, \lambda) = \sum_{j=1}^{p}\sum_{k=1}^{p} s_{jk} a_j a_k - \lambda\left(\sum_{k=1}^{p} a_k^2 - 1\right) \tag{B.48}$$

であるので，最適性の条件は (B.48) 式をそれぞれの a_j について偏微分して 0 とおけばよいので，

$$\frac{\partial f}{\partial a_1} = 2\sum_{k=1}^{p} s_{1k} a_k - 2\lambda a_1 = 0 \tag{B.49}$$

$$\frac{\partial f}{\partial a_2} = 2\sum_{k=1}^{p} s_{2k} a_k - 2\lambda a_2 = 0 \tag{B.50}$$

$$\vdots$$

$$\frac{\partial f}{\partial a_p} = 2\sum_{k=1}^{p} s_{pk} a_k - 2\lambda a_p = 0 \tag{B.51}$$

となる。

こうして得られた係数 a_{ij} を**主成分負荷量**，各ケースに対する各主成分の値を**主成分得点**という。

また，第 1 主成分に含まれていない残った情報から次の第 2 主成分を求める。このときも第 1 主成分同様の定式化がなされるが，第 2 主成分は第 1 主成分とは無相関つまり直交するように求める。第 1 主成分の主成分負荷量を a_{1j}，第 2 主成分の主成分負荷量を a_{2j} とすると，

$$\sum_{j=1}^{p} a_{1j}a_{2j} = 0 \tag{B.52}$$

の関係が成り立つ。第 3 主成分以降の主成分負荷量についても，それ以前のすべての主成分負荷量と無相関であることを制約条件として主成分負荷量を求める。なお，共分散行列を $S = [s_{jk}]$ とし，(B.49) から (B.51) 式までをまとめると次の式となり，共分散行列 S の固有値問題である。

$$\frac{1}{2}\frac{\partial f}{\partial \boldsymbol{a}} = (S - \lambda I)\boldsymbol{a} = \boldsymbol{0} \tag{B.53}$$

したがって，主成分分析は固有値問題を解けばよい。なお，第 1 主成分は第 1 固有値とその固有ベクトル，第 2 主成分は第 2 固有値とその固有ベクトル，というように求められる。

ただし，変数によって単位が異なる場合は，単位によって分散の大きさが異なり，数値の大きい変数の影響が大きくなる。その問題を回避するためには，各変数を平均を 0，分散を 1 と標準化して用いればよい。このとき共分散行列の代わりに相関係数行列を用いることになる。

そして，解を解釈する場合は，例えば第 1 主成分を横軸，第 2 主成分を縦軸とし，主成分負荷量の散布図を描き，主成分負荷量の絶対値の大きい項目から各軸を評価する。そして，主成分得点から各ケースの特徴を比較する。

主成分分析からは，いくつかの補助的な情報も取得できる。**寄与率**は各主成分の分散がデータの全分散のうちのどのくらいを占めるかを表しており，第 k 主成分の寄与率は，

$$\frac{\lambda_k}{\displaystyle\sum_{\ell} \lambda_{\ell}} \tag{B.54}$$

として表すことができる。分散の大きさは，どの程度データの差異の情報を含むかを表しており，その軸の情報量として捉えることができる。

また，**累積寄与率**は，最も情報量の大きい第 1 主成分からその主成分までの寄与率の和であり，第 k 主成分の場合は，

$$\frac{\sum_{h=1}^{k} \lambda_h}{\sum_{\ell} \lambda_\ell} \tag{B.55}$$

で表される。

よく第 2 主成分や第 3 主成分までを採用する場合が見られる。ただし第 3 主成分まで採用すれば十分という場合ばかりではないため，以下のような定量的な判断基準も考慮しながら決定する。どの基準を使うかについてはデータの特徴や，各主成分の解釈などをもとに弾力的に行う。

1. 各軸の寄与率が「1 ÷ 変数の数」以上である主成分
2. 累積寄与率が 70%〜80% 以上になるまでの主成分

基準 1 は各主成分の情報の大きさに着目した基準である。主成分分析では「複数の主成分からまとめた総合指標である」という立場から，変数 1 つ分の情報を持たない場合，主成分の方が元の変数よりも情報を持っていないことになる。こうした視点から寄与率の大きさによる判定が行われる。特に相関係数行列を用いた場合には，基準 1 は固有値が 1 以上の場合に相当する。

基準 2 は採用した主成分全体の情報量に着目した基準である。主成分分析では多次元のデータを少数の主成分に集約する。しかし採用されなかった主成分についても元のデータの差異の情報をいくらかは含んでおり，この部分については情報を捨てていることになる。その上で，採用した主成分がデータの主要な特徴を表していることが求められる。経験則ではあるものの全体の情報の 70%〜80% 程度は含めなければ，捨てられる情報が多いと判断される。

B.6 ● 因子分析の数理

因子分析は，複数の観測変数が共通した挙動を持つとき，その背後にそれらの観測変数に影響を与える潜在的な因子が存在することを仮定し，観測変数への因子からの影響の度合いを測定することで，因子を理解し，回答者の意識や評価の差異を評価しようという分析手法である。

多数の観測変数を少数の次元で全体を見通せるような評価をしようという動機は主成分分析とよく似ているが，モデルの構造は真逆である。主成分分析における主成分が観測変数の線形結合によって得られるのに対して，因子分析は観測変数が潜在的な因子の線形結合の結果として表現される。主成分分析との違いを図 B.3 に示す。

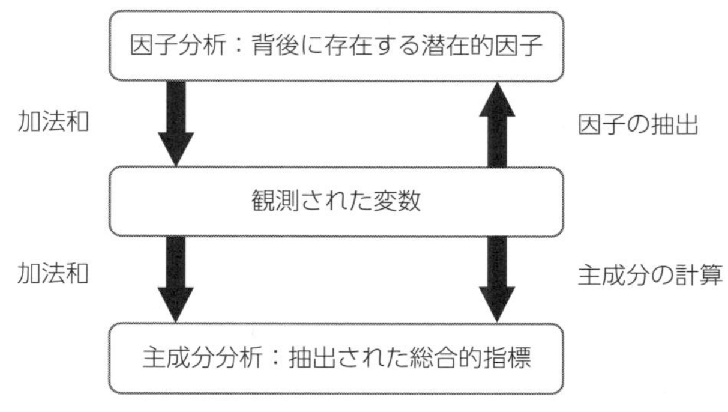

図 B.3　主成分分析と因子分析の相違

分析の結果として得られる項目や値も似ていることが多いため，主成分分析と因子分析はしばしば混同されて用いられる場合もある。しかし，上図のようにモデルの構造は真逆であり，そもそも求めようとしているものが異なるため，分析にあたって事前にどのような情報を抽出しようとしているかを注意深く考察する必要がある。

因子分析においてはケース i の j 番目の変数の観測値 x_{ij} について次のような構造のモデルを考える。なお，観測値は平均 0，分散 1 に標準化されているものとする。

$$x_{ij} = \sum_{k=1}^{q} a_{jk} f_{ik} + d_{ij}, \qquad i = 1, 2, \cdots, n;\ j = 1, 2, \cdots, p \tag{B.56}$$

ここで，右辺の f_{ik} が**共通因子**に対するケースごとの得点であり，これを**因子得点**という。また，a_{jk} は各因子が各観測変数にどの程度影響を与えているかを表す係数でありこれを**因子負荷量**という。d_{ij} は**独自因子**と呼ばれ，共通因子で説明することができない部分を意味している。ここでは潜在的な因子が q 個存在することを仮定するが，共通因子は観測変数よりも少なく $q < p$ である。なお，(B.56) 式においては，観測変数のみが既知であり，右辺はすべて分析によって求められる値である。しかし，このままでは解を得ることができないため，以下の仮定を置く。

- 共通因子の平均は 0，分散は 1
- 独自因子の平均は 0
- 共通因子と独立因子は無相関つまり，共通因子と独立因子の共分散は 0
- 独自因子同士は無相関

なお，初期解を求めるときには共通因子同士も無相関を仮定するが，後に説明するように因子を確定するにあたり，因子間相関を許す場合もある。

因子分析では，観測変数の相関係数行列を，共通因子と独自因子によって表現することを考える。変数間の相関係数行列は次のように記述することができる。

$$\begin{bmatrix} 1 & r_{12} & \cdots & a_{1p} \\ r_{21} & 1 & \cdots & a_{2p} \\ \vdots & \vdots & \ddots & \vdots \\ r_{p1} & r_{p2} & \cdots & a_{pp} \end{bmatrix}$$
$$= \begin{bmatrix} \sum_{k=1}^{p} a_{1k}^2 + \frac{1}{n}\sum_{i=1} d_{i1}^2 & \sum_{k=1}^{p} a_{1k}a_{2k} & \cdots & \sum_{k=1}^{p} a_{1k}a_{1p} \\ \sum_{k=1}^{p} a_{2k}a_{1k} & \sum_{k=1}^{p} a_{2k}^2 + \frac{1}{n}\sum_{i=1} d_{i2}^2 & \cdots & \sum_{k=1}^{p} a_{1k}a_{1p} \\ \vdots & \vdots & \ddots & \vdots \\ \sum_{k=1}^{p} a_{pk}a_{1k} & \sum_{k=1}^{p} a_{pk}a_{2k} & \cdots & \sum_{k=1}^{p} a_{1p}^2 + \frac{1}{n}\sum_{i=1} d_{ip}^2 \end{bmatrix} \tag{B.57}$$

ここで，

$$\sum_{k=1}^{p} a_{jk}^2 + \frac{1}{n}\sum_{i=1}^{n} d_{ij}^2 = h_j^2 + \delta_j^2 \tag{B.58}$$

と置き，このうちの h_j^2 を**共通性**と呼ぶ。(B.58) 式より，共通性は j 番目の変数 x_j の変動について，共通因子で説明できる割合を表している。

なお因子分析では，先に因子の存在を仮定するため，因子数をあらかじめ決めておく必要がある。因子数の決定方法としては，主成分分析と同様の方法が取られる。その際，事前の分析としてデータに対して主成分分析を行い，寄与率や固有値について検討しておくといったことも行われる。他には，**スクリープロット**という固有値をその大きさの順に並べた折れ線グラフの様子を見て，固有値の大きさの減少が落ち着くところまでを採用するという方法もある。

因子負荷量は，主成分負荷量のように共分散行列もしくは相関係数行列について直接固有方程式を解いて得られるわけではなく，独自因子の存在を想定しながら推定する必要がある。因子負荷量を推定する方法はいくつかあり，ここでは**反復主因子法**について説明する。反復主因子法では，相関係数行列の対角要素を 1 の代わりに共通性で置き換える。つまり，

$$\begin{bmatrix} 1-\delta_1^2 & r_{12} & \cdots & r_{1p} \\ r_{21} & 1-\delta_2^2 & \cdots & r_{2p} \\ \vdots & \vdots & \ddots & \vdots \\ r_{p1} & r_{p2} & \cdots & 1-\delta_p^2 \end{bmatrix} \tag{B.59}$$

という行列について固有値 λ_j と固有ベクトル $\boldsymbol{v}_j = [v_{1j}, v_{2j}, \cdots, v_{pj}]^\top$ を求める。そして，因子負荷量を

$$\hat{a}_{jk} = \sqrt{\lambda_j} v_{jk} \tag{B.60}$$

として求める。ただし，このままでは精度が高くないこともあるため，

$$\hat{\delta}_j^2 = 1 - \sum_{k=1}^{q} \hat{a}_{kj}^2 \tag{B.61}$$

として (B.59) 式に代入し，$\hat{\delta}_j^2$ の値が十分収束するまで繰り返す。

因子得点も主成分分析のように直接合成変量として求めることができないため，得られた因子負荷量から推定する方法が用いられる。しばしば使われる方法に Bartlett による重み付き最小 2 乗法や回帰推定法があるが，本書では触れない。

B.6.1 ● 因子の回転

因子分析には，因子負荷量の解が一意に定まらないという数理上大きな問題がある。これは，因子分析においては，因子得点と因子負荷量，すなわち (B.56) 式の右辺の変数の値を同時にすべて求めなければならないことによる。観測された値に比べて求めるべきパラメータの数が多いため，解は一意には定まらない。因子を解釈する視点からは，各因子からは限られた少数の観測変数に対して強く影響を与え，それ以外の観測変数への影響は極力小さい方が望ましい。

そこで，上記で得られた因子負荷量を初期解とした因子軸の回転を行う。

回転後の因子が，初期の因子解と同様に因子同士が直交しあうように回転させる方法を**直交回転**といい，当てはまりを重視し因子同士が直交することにこだわらないように回転させる方法を**斜交回転**という。

ここでは，直交回転，斜交回転の例としてそれぞれ**バリマックス回転**，**プロマックス回転**について紹介する。

バリマックス回転では，各因子の因子負荷量の分散を最大化するように因子軸を回転する。つまり，回転前の因子負荷量を a_{jk}，回転後の因子負荷量を $\hat{a}_{jk}$ としたとき，

$$\sum_{j=1}^{p}(\hat{a}_{jk}-\bar{\hat{a}}_{jk})^2 \tag{B.62}$$

を最大にするように $\hat{a}_{jk}$ を求める。ここで，$\bar{\hat{a}}_{jk}$ は各因子に関する因子負荷量 $\hat{a}_{jk}$ の平均である。

ただし，回転時に因子負荷量の大きさが大きく異ならないよう回転に際して因子負荷量を規準化し，回転後に再度大きさを調整する。この方法を規準バリマックス回転という。

規準化は共通性 h_j^2 によって行い，以下の手順で行う。

1. 因子負荷量を共通性 $h_j^2 = \sum_{j=1}^{q}$ により規準化する。

$$\hat{a}_{jk} = \frac{a_{jk}}{\sqrt{h_j^2}} \tag{B.63}$$

2. 任意の 2 つの因子 k と ℓ を抽出し，回転角 θ を求める。回転後の因子負荷量をそれぞれ $\hat{a}'_{jk}$, $\hat{a}'_{j\ell}$ とすると，

$$\begin{bmatrix} \hat{a}'_{jk} \\ \hat{a}'_{j\ell} \end{bmatrix} = \begin{bmatrix} \cos\theta & \sin\theta \\ -\sin\theta & \cos\theta \end{bmatrix} \begin{bmatrix} \hat{a}_{jk} \\ \hat{a}_{j\ell} \end{bmatrix}, \quad j = 1, 2, \cdots, p \tag{B.64}$$

このとき，分散の合計は，

$$Q(\theta) = \sum_{j=1}^{p}(\hat{a}_{jk}-\bar{\hat{a}}_{jk})^2 + \sum_{j=1}^{p}(\hat{a}_{j\ell}-\bar{\hat{a}}_{j\ell})^2 \tag{B.65}$$

であるので，最適性の条件より，

$$\frac{\mathrm{d}Q(\theta)}{\mathrm{d}\theta} = 0 \tag{B.66}$$

を求めると，次式が得られるのでこれより θ を求めることができる。

$$\tan(4\theta) = \frac{\alpha}{\beta} \tag{B.67}$$

ただし，

$$\alpha = 4\sum_{j=1}^{p}\left(\hat{a}_{jk}-\hat{a}_{j\ell}\right)\hat{a}_{jk}\hat{a}_{j\ell} - \frac{\left(\sum_{j=1}^{p}\hat{a}_{jk}^2-\hat{a}_{j\ell}^2\right)\left(\sum_{j=1}^{p}\hat{a}_{jk}\hat{a}_{j\ell}\right)}{p}$$

$$\beta = \sum_{j=1}^{p} \left(\hat{a}_{jk}^2 - \hat{a}_{j\ell}^2\right)^2 - 4\sum_{j=1}^{p} (\hat{a}_{jk}\hat{a}_{j\ell})^2 - \frac{\left\{\sum_{j=1}^{p} \left(\hat{a}_{jk}^2 - \hat{a}_{j\ell}^2\right)\right\}^2 - 4\left(\sum_{j=1}^{p} \hat{a}_{jk}\hat{a}_{j\ell}\right)^2}{p}$$

である。ここで，θ は (B.67) の分母と分子の符号の組合せによって決定する。

$$分母 > 0,\ 分子 > 0 \Rightarrow 0 \leq 4\theta < \frac{\pi}{2} \tag{B.68}$$

$$分母 < 0,\ 分子 > 0 \Rightarrow \frac{\pi}{2} \leq 4\theta < \pi \tag{B.69}$$

$$分母 < 0,\ 分子 < 0 \Rightarrow \pi \leq 4\theta < \frac{3\pi}{2} \tag{B.70}$$

$$分母 > 0,\ 分子 < 0 \Rightarrow \frac{3\pi}{2} \leq 4\theta < 2\pi \tag{B.71}$$

3. 手順 2, 3 の操作をすべての因子の組合せについて実行する。
4. 手順 2 で得られた θ について，(B.64) 式を用いて $\hat{a}_{jk}$, $\hat{a}_{j\ell}$ を更新する。
5. 回転前と回転後の分散を比較し，十分収束していれば終了。そうでなければ手順 2 に戻る。
6. (B.72) 式により逆規準化し，回転後の因子負荷量を得る。

$$a'_{jk} = \hat{a}'_{jk}\sqrt{h_j^2}, \quad j = 1, 2, \cdots, p;\ k = 1, 2, \cdots, q \tag{B.72}$$

また，プロマックス回転は，バリマックス回転後の因子負荷量を用いて次のように行う。

1. 因子負荷量をもとに，次に示すターゲット行列 C を作成する。

$$C = \begin{bmatrix} c_{11} & \cdots & c_{1k} & \cdots & c_{1q} \\ \vdots & \ddots & \vdots & \ddots & \vdots \\ c_{j1} & \cdots & c_{jk} & \cdots & c_{1q} \\ \vdots & \ddots & \vdots & \ddots & \vdots \\ c_{p1} & \cdots & c_{pk} & \cdots & c_{pq} \end{bmatrix} \tag{B.73}$$

ただし，各要素は規準化された因子負荷量について，その絶対値を m 乗して元の符号を付与したものであり，(B.74) 式となる。なお，一般には $m = 4$ とされる。

$$c_{jk} = \mathrm{sgn}(a_{jk})\frac{|a_{jk}|^m}{\sqrt{h_j^2}} \tag{B.74}$$

2. バリマックス回転後の因子負荷量行列 $A' = [a'_{ij}]$ とその変換行列 T，ターゲット行列 C からプロマックス回転後の因子負荷量行列 B とターゲット行列の差に関する式，

$$E = B - C = A'T - C \tag{B.75}$$

について，差の平方和の合計を最小化する。差の平方和の合計 $Q(T)$ は，

$$\begin{aligned} Q(T) &= \mathrm{tr}\left(E^\top E\right) \\ &= \mathrm{tr}\left([A'T - C]^\top [A'T - C]\right) \\ &= \mathrm{tr}(T^\top A'^\top A'T) - \mathrm{tr}(T^\top A'^\top C) - \mathrm{tr}(C^\top A'T) + \mathrm{tr}(C^\top C) \end{aligned} \tag{B.76}$$

であるので，最小 2 乗法の最適性の条件，

$$\frac{\partial Q(T)}{\partial T} = \frac{\partial \mathrm{tr}(T^\top A'^\top A'T)}{\partial T} - \frac{\partial \mathrm{tr}(T^\top A'^\top C)}{\partial T} - \frac{\partial \mathrm{tr}(C^\top A'T)}{\partial T} + \frac{\partial \mathrm{tr}(C^\top C)}{\partial T} \tag{B.77}$$

から，$2(A'^\top A')T - 2A'^\top C = 0$ であるので，T の最適値 T^* は，

$$T^* = (A'^\top A')^\top A'C \tag{B.78}$$

として得られる。

ただし，T^* は正規化されていないため，これを以下の対角行列である正規化行列 D を用いて正規化する。

$$D = \begin{bmatrix} d_{11} & \cdots & 0 & \cdots & 0 \\ \vdots & \ddots & \vdots & \ddots & \vdots \\ 0 & \cdots & d_{kk} & \cdots & 0 \\ \vdots & \ddots & \vdots & \ddots & \vdots \\ 0 & \cdots & 0 & \cdots & d_{qq} \end{bmatrix} \tag{B.79}$$

ただし，d_{kk} は行列 $[T^{*\top}T^*]^{-1}$ の k 番目の対角要素の平方根である。

これより，正規化後の変換行列は，

$$T^{**} = T^* D \tag{B.80}$$

となる。

3. 変換後の因子負荷量行列 A'' として，バリマックス回転後の因子負荷量行

列 A' に変換行列 T^{**} を乗じて求める。すなわち，

$$A'' = A'T^{**} \tag{B.81}$$

である。なお，T^{**} は正規直交行列ではないため，A'' は直交行列ではない。したがって因子間は無相関でなくなる。このとき，$[T^{**\top}T^{**}]^{-1}$ の各要素が因子間相関を表す。

なお，ここで説明したような観測変数がすべての因子からの加法和で表す因子分析を**探索的因子分析**といい，共分散構造分析などで見られる，観測変数が関係する因子をあらかじめ定めてその因子のみの加法和で表す因子分析を**確認的因子分析**と呼ぶ。

B.7 ● 対応分析の数理

対応分析は**コレスポンデンス分析**とも言われ，質的データの分割表（頻度のクロス集計表）から行と列のそれぞれの要素間の関係性を低次元に縮約し評価する手法である。

したがって，対応分析は表 B.2 のような分割表から始める。

表 B.2　分割表

	1	2	$\cdots$	j	$\cdots$	r	合計
1	f_{11}	f_{12}	$\cdots$	f_{1j}	$\cdots$	f_{1c}	$f_{1\cdot}$
2	f_{21}	f_{22}	$\cdots$	f_{2j}	$\cdots$	f_{2c}	$f_{2\cdot}$
$\vdots$	$\vdots$	$\vdots$	$\vdots$	$\vdots$	$\vdots$	$\vdots$	$\vdots$
i	f_{i1}	f_{i2}	$\cdots$	f_{ij}	$\cdots$	f_{ic}	$f_{i\cdot}$
$\vdots$	$\vdots$	$\vdots$	$\vdots$	$\vdots$	$\vdots$	$\vdots$	$\vdots$
r	f_{r1}	f_{r2}	$\cdots$	f_{rj}	$\cdots$	f_{rc}	$f_{r\cdot}$
合計	$f_{\dot{1}}$	$f_{\dot{1}}$	$\cdots$	$f_{\dot{j}}$	$\cdots$	$f_{\dot{c}}$	n

表の f_{ij} は (i,j) 要素の頻度であり，合計の欄はそれぞれの行または列の合計値である。全要素数を n とする。

対応分析では，行と列についてそれぞれ相対的な量，すなわち行和もしくは列和を 1 にするような変換を施した上で，それがどのような割合になっているかをもとに，（超）平面上に布置することを考える。すなわち，元の変数が 2 次元であれば割合を直線上に布置できるし，3 次元であれば，3 軸上それぞれ 1 となる点を結んだ三角形上にその割合を布置することができる。同様に，m 次元であれ

ば，$m-1$ 次元空間で表現できる。

ただし，多次元を可視化させることは不可能であるため，対応分析では，主成分分析と同様に縮約された新しい軸を考える。

ここでは，行方向について考える。その時，クロス集計表を

$$x_{ij} = \frac{f_{ij}}{f_{i\cdot}\sqrt{f_{\cdot j}}} \tag{B.82}$$

と変換し，ここから行列 $X = [x_{ij}]$ という行列を作成する。この行列に関する主成分分析を行う。

固有値は，行数もしくは列数の小さい方から 1 を引いた数まで求められる。各対象に対する得点は主成分得点と同様に求められるが，対応分析ではこれを**カテゴリ・スコア**と呼ぶ。第 k 固有値 λ_k およびその固有ベクトル $\boldsymbol{h}_k$ に対してカテゴリ・スコアは，

$$z_{ik} = \sum_{j=1}^{c} h_{jk} x_{ij} = \sum_{j=1}^{c} h_{jk} \frac{f_{ij}}{f_{i\cdot}\sqrt{f_{\cdot j}}} \tag{B.83}$$

として求められる。ただし，これは行方向のみに着目しているため，行方向のスコアを求めるときは，(B.82) 式について行と列の役割を入れ替えた変換を行ってから同様の手続きで得ることができる。

実際の計算では，このロジックを用い効率的に行列計算を行う。この方法については例えば中村[18)]を参照されたい。

B.8 ● EM アルゴリズム

潜在クラス分析を行う場合，膨大な数のパラメータを求めなければならないため，ニュートン法のような一般的な求解方法では解が求まらない。このとき，代数演算により尤度を大きくするようにパラメータの値を更新していく方法が取られる。期待値 (expectation) を求めるステップと，尤度の最大化 (maximization) のステップを交互に行うことから，この方法は **EM アルゴリズム**と呼ばれる。

下記では，本文で紹介した pLSA に関する EM アルゴリズムを紹介する。

(8.3) 式，

$$p(x_i, y_j) = \sum_k p(z_k)p(x_i|z_k)p(y_j|z_k), \quad i = 1, 2, \cdots, n;\ j = 1, 2, \cdots, m \tag{B.84}$$

の対数尤度を求める。x_i における y_j の出現回数を $N(x_i, y_j)$ とすると，対数尤度は，

$$LL = \sum_{i=1}^{n} \sum_{j=1}^{m} N(x_i, y_j) \log p(x_i, y_j) \tag{B.85}$$

となる。したがって，(B.85) が最大となるような $p(z_k)$, $p(x_i|z_k)$, $p(y_j|z_k)$ を求めればよい。

この問題に対する EM アルゴリズムは尤度が収束するまで以下の E ステップと M ステップを繰り返すものである。

E ステップ

E ステップでは，潜在変数 z_k に関する事後分布を求める。以下の式はベイズの定理から導かれる。

$$p(z_k|x_i, y_j) = \frac{p(x_i|z_k)p(z_k|y_j)}{p(x_i|y_j)} = \frac{p(z_k)p(x_i|z_k)p(y_j|z_k)}{\displaystyle\sum_{\ell=1}^{K} p(z_\ell)p(x_i|z_\ell)p(y_j|z_\ell)} \tag{B.86}$$

M ステップ

M ステップでは以下の $p(z_k)$, $p(x_i|z_k)$, $p(y_j|z_k)$ の最大値を求める。

$$p(z_k) = \frac{\displaystyle\sum_{i=1}^{n} \sum_{j=1}^{m} N(x_i, y_j) p(z_k|x_i, y_j)}{\displaystyle\sum_{i=1}^{n} \sum_{j=1}^{m} N(x_i, y_j)} \tag{B.87}$$

$$p(x_i|z_k) = \frac{\displaystyle\sum_{j=1}^{m} N(x_i, y_j) p(z_k|x_i, y_j)}{\displaystyle\sum_{i=1}^{n} \sum_{j=1}^{m} N(x_i, y_j) p(z_k|x_i, y_j)} \tag{B.88}$$

$$p(y_j|z_k) = \frac{\displaystyle\sum_{i=1}^{n} N(x_i, y_j) p(z_k|x_i, y_j)}{\displaystyle\sum_{i=1}^{n} \sum_{j=1}^{m} N(x_i, y_j) p(z_k|x_i, y_j)} \tag{B.89}$$

ここでは，E ステップで得られた $p(z_k|x_i, y_j)$ を固定して，対数尤度関数をイェンセンの不等式で近似した以下の Q 関数について考える。

$$Q = \sum_{i=1}^{n} \sum_{j=1}^{m} N(x_i, y_j) \sum_{k=1}^{K} p(z_k|x_i, y_j) \log p(x_i, y_j, z_k) \tag{B.90}$$

$$= \sum_{i=1}^{n} \sum_{j=1}^{m} N(x_i, y_j) \sum_{k=1}^{K} p(z_k|x_i, y_j) \log\{p(y_j \ z_k)p(z_k|x_i)p(x_i)\} \tag{B.91}$$

$$= \sum_{i=1}^{n} \sum_{j=1}^{m} N(x_i, y_j) \sum_{k=1}^{K} p(z_k|x_i, y_j)\{\log p(y_j|z_k) + \log p(z_k|x_i) + \log p(x_i)\} \tag{B.92}$$

ここで例えば $p(x_i|z_k)$ を求めるためには，$\sum_{i=1}^{n} p(x_i|z_k) = 1$ という制約を Q 関数に加味し，ラグランジュ未定乗数法で考える。すなわち，ラグランジュ関数，

$$L = Q + \sum_{k=1}^{K} \lambda_k \left(\sum_{i=1}^{n} p(x_i|z_k) - 1 \right) \tag{B.93}$$

を $p(x_i|z_k)$ について偏微分する。

$$\frac{\partial L}{\partial p(x_i|z_k)} = \sum_{j=1}^{m} N(x_i, y_j) p(z_k|x_i, y_j) \frac{1}{p(x_i|z_k)} + \lambda_k = 0 \tag{B.94}$$

これを $p(x_i|z_k)$ について解くと，

$$p(x_i|z_k) = -\frac{\sum_{j=1}^{m} n(x_i, y_j) p(z_k|x_i, y_j)}{\lambda_k} \tag{B.95}$$

となる。また，

$$\sum_{i=1}^{n} p(x_i|z_k) = -\sum_{i=1}^{n} \left\{ \frac{\sum_{j=1}^{m} n(x_i, y_j) p(z_k|x_i, y_j)}{\lambda_k} \right\} \tag{B.96}$$

は 1 である。したがって，

$$\lambda_k = -\sum_{i=1}^{n} \sum_{j=1}^{m} N(x_i, y_j) p(z_k|x_i, y_j) \tag{B.97}$$

が得られるので，これを (B.95) 式に代入し，(B.89) 式が求められる。

なお，$p(y_j|z_k)$ についても同様に得られる。また，$p(z_k)$ についてもベイズの定理から容易に導くことができる。

B.9 ● 吸収マルコフ連鎖モデルの数理

以下では，最初に離散時間のマルコフ連鎖について触れ，その後，本書で用いた吸収マルコフ連鎖モデルについて述べる。なお，マルコフ過程の詳細については専門書[2),11)]を参照されたい。

B.9.1 ● 離散時間マルコフ連鎖

レジの待ち行列の解析や金融工学では，**マルコフ過程**がしばしば使われる。マルコフ過程は，**マルコフ性**を持つ確率過程であり，マルコフ性とは将来時点の状態への推移が現在の状態にのみ依存し，過去の状態には依存しない特性を指す。マルコフ過程では時間の経過に関する状態の変化を**状態遷移確率**で表す。特に，その後の状態遷移が時点に依存しない場合を斉次的と呼び，広く使われている。斉次的マルコフ過程の状態遷移確率は次のように与えられる。

$$\Pr\{X(t+\Delta t)=y|x(s)=x,\forall x\le t\}=\Pr\{X(\Delta t)=y|x(0)=x\},\quad \forall t;\ \Delta t>0 \tag{B.98}$$

このうち，本書では状態と時点が離散であるような場合のみを対象としており，以下では状態と時点が離散であり斉次的な離散時間マルコフ連鎖の場合を前提に述べる。

マルコフ連鎖は時点を変数とした，確率変数 $X(1),X(2),\cdots$ の列であり，その取りうる状態は有限としてこれを $S=\{1,2,\cdots,n\}$ とすると，現在から一時点後の状態遷移確率は次のように与えられる。

$$\begin{aligned}p_{ij}&=\Pr\{X(t+1)=j|X(t)=i\}\\&=\Pr\{X(t)=j|X(t-1)=i\},\quad \{i,j\}\in S;\ t\ge 1\end{aligned} \tag{B.99}$$

p_{ij} を状態 i,j をそれぞれ行と列とした行列として表現すると，

$$P=\begin{bmatrix}p_{11}&p_{12}&\cdots&p_{1j}&\cdots&p_{1n}\\p_{21}&p_{22}&\cdots&p_{2j}&\cdots&p_{2n}\\\vdots&\vdots&\ddots&\vdots&\ddots&\vdots\\p_{i1}&p_{i2}&\cdots&p_{ij}&\cdots&p_{in}\\\vdots&\vdots&\ddots&\vdots&\ddots&\vdots\\p_{n1}&p_{n2}&\cdots&p_{nj}&\cdots&p_{nn}\end{bmatrix} \tag{B.100}$$

という正方行列で表され，これを**遷移確率行列**と呼ぶ。遷移確率行列の行和はそれぞれ1である。

時点0での状態を，$X(0)=\boldsymbol{x}_0$ とする。$\boldsymbol{x}_0$ は確率分布であるが，もし，一つの状態に滞在していることが仮定されるならば，ある要素が1でそれ以外が0のベクトルとなる。

このとき，時点1での状態の分布は，

$$X(1)=P\boldsymbol{x}_0 \tag{B.101}$$

となる。遷移確率行列 P が斉次的であるため，時点 m での状態の分布は，

$$X(m) = PX(m-1) = P(PX(m-2)) = P^2X(m-2) = \cdots = P^m \boldsymbol{x}_0 \quad \text{(B.102)}$$

として得られる。なおすべての p_{ij} が正であるとき，

$$\boldsymbol{\pi} = P\boldsymbol{\pi} \quad \text{(B.103)}$$

となる状態分布 $\boldsymbol{\pi}$ が存在しこれを**定常分布**と呼ぶ。

B.9.2 ● 吸収マルコフ連鎖

9.3 節の分析で利用した**吸収マルコフ連鎖モデル**では，お互いに遷移がおこる**一時的状態**と，一度到着するとそのままそこにとどまる**吸収状態**の二種類の状態を含む。

一時的状態から一時的状態への遷移確率行列を Q，一時的状態から吸収状態への推移行列を R とする。また，吸収状態にとどまるため吸収状態間の遷移確率行列は単位行列 I であり，吸収状態から一時的状態へは遷移しないため，該当する行列はゼロ行列を O となる。これらよりすべての状態間の遷移確率行列 P は (B.104) 式のように書ける。

$$P = \begin{bmatrix} Q & R \\ O & I \end{bmatrix} \quad \text{(B.104)}$$

P は確率行列であるため，この行列の各行和は 1 である。この行列に従って次の状態への遷移が計算できる。このとき，n 次の遷移確率行列は P^n で与えられ，

$$P^n = \begin{bmatrix} Q^n & R_n \\ O & I \end{bmatrix} \quad \text{(B.105)}$$

と表す。ここで，Q^n は行列 Q の n 乗であり，R_n は

$$R_n = \left(I + \sum_{i=1}^{n-1} Q^i \right) R \quad \text{(B.106)}$$

である。また，行列 Q は行和が 1 以下の非負行列であり，少なくとも一つの一時的状態からは吸収状態に達するため，該当する状態に関する行和は 1 未満である。したがって，n が大きくなるに従って，Q に該当する一時的要素からは抜けていく。そして，Q の要素の大きさ Q^n は $n \to \infty$ でゼロ行列に収束する。また，

$$I + \sum_{i=1}^{n-1} Q^i = (I-Q)^{-1}(I-Q^n) \quad \text{(B.107)}$$

となるので，(B.107) 式で $n \to \infty$ とすると

$$I + \sum_{i=1}^{\infty} Q^i = (I - Q)^{-1} \tag{B.108}$$

となる。したがって，P^n は $n \to \infty$ について

$$\lim_{n\to\infty} P^n = \begin{bmatrix} O & \left(I + \sum_{i=1}^{\infty} Q^i\right) R \\ O & I \end{bmatrix} = \begin{bmatrix} O & (I - Q)^{-1} R \\ O & I \end{bmatrix} \tag{B.109}$$

となる。右辺の $(I - Q)^{-1} R$ は，各行の一時的状態から各列の吸収状態へ最終的に吸収される確率と考えられ，この行列の各要素は各行の一時的状態がコンバージョンもしくは離脱に対する寄与と考えることができる。

参考文献

1) Agrawal, R., Imielinski, T. and Swami, A., "Mining Association Rules between Sets of Items in Large Databases," *in Proceedings of the 1993 ACM SIGMOD International Conference on Management of Data*, pp.207–216 (1993).
2) 伏見正則,「確率と確率過程」, 朝倉書店 (2004).
3) Hofmann, T., "Unsupervised Learning by Probabilistic Latent Semantic Analysis," *Machine Learning*, Vol.42, Issue 1–2, pp.177–196 (2001).
4) 本多 正久, 牛澤 賢二,「マーケティング調査入門」, 培風館 (2007).
5) Huff, D.L., "A Probabilistic Analysis of Shopping Center Trade Areas," *Land Economics*, Vol, 39, No. 1, pp.81–90 (1963).
6) 石田 基広,「R によるテキストマイニング入門（第 2 版）」, 森北出版 (2017).
7) Jeffery, M., *Data-Driven Marketing: The 15 Metrics Everyone in Marketing Should Know*, Wiley (2010).
8) 樺島祥介, 北川源四郎, 甘利俊一, 赤池弘次, 下平英寿,「赤池情報量規準 AIC—モデリング・予測・知識発見」, 共立出版 (2007).
9) 神田晴彦, 鳥山正博, 清水聰, "購入に影響を及ぼす情報源と情報発信の変化～39 商品カテゴリの横断分析～", マーケティング・ジャーナル, Vol.32, No.4, pp.79–91 (2013).
10) 片平秀貴,「マーケティング・サイエンス」, 東京大学出版会 (1987).
11) Kijima, M., *Markov Processes for Stochastic Modeling*, Springer (1997).
12) Kotler, P., Keller, K.L., Brady, M., Goodman, M. and Hansen, T., *Marketing Management*, 3rd ed, Peason Education (2016).
13) McFadden, D., "Conditional Logit Analysis of Qualitative Choice Behavior," in P. Zarembka (ed.), *Frontiers in Econometrics*, pp.105–142, Academic Press (1973).
14) 三輪哲久,「実験計画法と分散分析」, 朝倉書店 (2015).
15) 永田靖,「入門 実験計画法」, 日科技連出版社 (2000).
16) 中川慶一郎, 小林祐輔（編著),「データサイエンティストの基礎知識」, リックテレコム (2014).
17) 中川宏道, 守口剛, "消費者はなぜポイントを貯めようとするのか？—ロイヤルティ・プログラムの消費者行動研究—", 日本消費者行動研究学会第 46 回消費者行動研究コンファレンス報告資料 (2013).
18) 中村永友,「多次元データ解析法（R で学ぶデータサイエンス 2)」, 共立出版 (2009).
19) 日本スーパーマーケット協会, オール日本スーパーマーケット協会, 一般社団法人新日本スーパーマーケット協会, "平成 26 年スーパーマーケット年次統

計調査報告書,” (2014) http://www.super.or.jp/wp-content/uploads/2013/11/H26nenji-tokei.pdf
20) 沼上幹,「わかりやすいマーケティング戦略　新版」, 有斐閣 (2008).
21) 公益財団法人 流通経済研究所（編),「店頭マーケティングのための POS・ID-POS データ分析」, 日本経済新聞出版社 (2016).
22) Sturges, H.A.,“The Choice of a Class Interval,” *Journal of American Statistical Association*, Vol.21, No.153, pp.65–66 (1926).
23) 鈴木良介,「ビッグデータビジネスの時代」, 翔泳社 (2011).
24) 高村大也, 乾孝司, 奥村学, “スピンモデルによる単語の感情極性抽出,” 情報処理学会論文誌ジャーナル, Vol.47, No.2, pp.627–637 (2006).
25) 東京大学教養学部統計学教室（編),「自然科学の統計学」, 東京大学出版会 (1992).
26) 豊田秀樹,「共分散構造分析—構造方程式モデリング［理論編］」, 朝倉書店 (2007).
27) 豊田裕貴,「R によるデータ駆動マーケティング」, オーム社 (2017).
28) 上田雅夫, 生田目崇,「マーケティング・エンジニアリング入門」, 有斐閣 (2017).
29) Wedel, M. and Kamakura, W.A., *Market Segmentation: Comceptual and Methodological Foundations*, Springer (2000).
30) 矢田勝俊, “スーパーマーケットにおける顧客動線分析と文字列解析,” 統計数理, Vol.56, No.2, pp.199–213 (2008).
31) American Marketing Association, “About AMA,” https://www.ama.org/AboutAMA/Pages/Definition-of-Marketing.aspx
32) CaboCha, http://chasen.org/~taku/
33) Facebook 社ウェブサイト, https://ja.newsroom.fb.com/company-info/
34) (株) インテージ, “SRI（全国小売店パネル調査),” https://www.intage.co.jp/service/sri/
35) (株) インテージ, “SCI（全国消費者パネル調査),” https://www.intage.co.jp/service/sci/
36) (株) インテージ, “VTR 行動観察調査,” http://www.intage.co.jp/solution/vtr-behavior-observation-survey
37) (株) ジェリコ・コンサルティング, “RFM セルコード,” http://www.jericho-group.co.jp/rfm/rfm07.html
38) 経済産業省, “「コンビニ電子タグ 1000 億枚宣言」を策定しました～サプライチェーンに内在する社会課題の解決に向けて～,” 経済産業省ニュースリリース（2017 年 4 月 18 日）http://www.meti.go.jp/press/2017/04/20170418005/20170418005.html
39) 経済産業省, “電子商取引に関する市場調査の結果を取りまとめました～国内 BtoC-EC 市場が 15 兆円を突破。中国向け越境 EC 市場も 1 兆円を突破～”, 経済産業省ニュースリリース（2017 年 4 月 24 日）http://www.meti.go.jp/press/2017/04/20170424001/20170424001.html
40) KHCoder ウェブサイト, http://khc.sourceforge.net/
41) (株) ライフスケープ・マーケティング, “食 MAP とは,” http://www.lifescap

e-m.co.jp/smap_guide/
42) マクロミル（株），“消費者購買履歴データ,” https://www.macromill.com/service/database_research/qpr.html
43) 日経メディアマーケティング（株），“日経 POS 情報,” http://www.nikkeimm.co.jp/pos/
44) 日本語構文・格・照応解析システム KNP ウェブサイト，http://nlp.ist.i.kyoto-u.ac.jp/index.php?KNP
45) MeCab ウェブサイト, http://taku910.github.io/mecab/
46) （株）野村総合研究所 “INSIGHT SIGNAL,” https://www.is.nri.co.jp/
47) 一般財団法人 流通経済研究所，“NPI（全国 POS データ・インデックス）のご紹介,” http://www.dei.or.jp/information/npi_01.html
48) 一般社団法人 流通システム開発センター, “JAN コード統合商品情報データベース (JICFS/IFDB),” http://www.dsri.jp/database_service/jicfsifdb/
49) 一般社団法人 流通システム開発センター, “流通システム開発センターの歩み,” http://www.dsri.jp/center/profile/
50) Twitter 社ウェブサイト，https://about.twitter.com/ja/company
51) （株）ビデオリサーチ，“TV RAGING GUIDE BOOK [視聴率ハンドブック],” https://www.videor.co.jp/tvrating/pdf/handbook.pdf
52) （株）ビデオリサーチ，“ARC/ex〜新たな生活社シングルソースデータ〜,” http://www.videor.co.jp/solution/new-technology/acrex.htm

索 引

記号・数字・アルファベット

あ

か

さ

ま

や

ら

わ

〈著者略歴〉
生 田 目 崇（なまため　たかし）
1999年　東京理科大学大学院工学研究科経営工学専攻博士後期課程修了
　　　　博士（工学）
1999年　東京理科大学工学部第一部助手
2002年　専修大学商学部専任講師
　　　　専修大学商学部助教授，准教授，教授を経て
2013年　中央大学理工学部経営システム工学科教授
　　　　マーケティング・サイエンス，経営科学の研究に従事

■ 主な著書
『マーケティング・エンジニアリング入門』（共著，有斐閣，2017）
『情報化社会におけるマーケティング』（分担執筆，白桃書房，2014）
『インターネットで学ぶ社会科学系のための数学』（共著，ムイスリ出版，2010）
『マーケティング・セグメンテーション』（分担執筆，白桃書房，2008）
『マーケティング・データ解析』（共編著，朝倉書店，2003）

マーケティングのための統計分析

2017年11月25日　第1版第1刷発行
2024年1月10日　第1版第6刷発行

著　者　生 田 目 崇
発行者　村 上 和 夫
発行所　株式会社 オ ー ム 社
　　　　郵便番号　101-8460
　　　　東京都千代田区神田錦町3-1
　　　　電 話　03(3233)0641(代表)
　　　　URL　https://www.ohmsha.co.jp/

組版　Green Cherry　　印刷・製本　三美印刷
ISBN978-4-274-22101-9　Printed in Japan

関連書籍のご案内

Rを使って統計計算から複雑なグラフィックスまで詳細に解説！

The R Tips 第3版
—データ解析環境Rの基本技・グラフィックス活用集—

【このような方におすすめ】
・Rの初心者で、操作やコード記述に慣れていない方のマニュアルとして
・Rを学習や実務に用いている方のリファレンスとして

● 舟尾 暢男　著
● B5変判・440頁
● 定価（本体3,600円【税別】）

見えないものをさぐる—それがベイズ
—ツールによる実践ベイズ統計—

【このような方におすすめ】
・ベイズ統計学と数理統計学がよくわからない人
・データ分析部門の企業内テキストとして

● フォワードネットワーク　監修／藤田 一弥　著
● A5判・256頁
● 定価（本体2,000円【税別】）

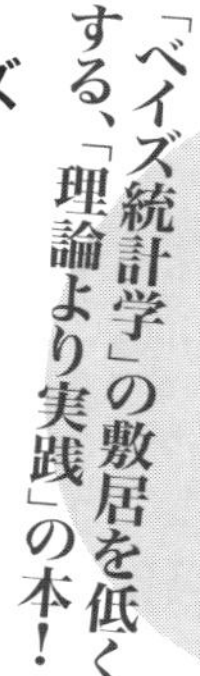

コンピュータサイエンスに携わる人のために書かれた線形代数の教科書！

プログラミングのための線形代数

【このような方におすすめ】
・情報科の学生
・職業プログラマ
・一般の線形代数を学ぶ学生

● 平岡 和幸・堀 玄　共著
● B5変判・384頁
● 定価（本体3,000円【税別】）

もっと詳しい情報をお届けできます.
◎書店に商品がない場合または直接ご注文の場合も右記宛にご連絡ください.

ホームページ　http://www.ohmsha.co.jp/
TEL／FAX　TEL.03-3233-0643　FAX.03-3233-3440

（定価は変更される場合があります）